JN074953

花澤香菜のひとりでできるかな？

公式読本

Contents

Special Interview

花澤香菜、『ひとかな』を語る。

2024年1月に放送16周年を迎える『花澤香菜のひとりでできるかな？』。
インターネットラジオとしてスタートし、2022年に地上波進出も果たした
番組の立ち上げ当時のこと、自身の変遷、現在の思いまでを語ります。

10代で番組スタート
すべてがキャパオーバーだった

——花澤さんが現在の事務所に所属して、本格的に声優として仕事を始められたのが'07年。『ひとかな』番組パーソナリティの話も、その年に動き出されていたそうですね。

文化放送さんと私のマネージャーさんの間で話が始まったのは'07年でした。『超！A&G+』が誕生したばかりの頃で、いきなり単独で番組をやることが決まって。始まる前は「私、1時間もしゃべれない！」と思っていました。でも、作家の坂本さんやディレクターの久保（速人）さんのお力を借りて頑張ってみようと。今のように作家さんがスタジオに来ないなんてことはなくて（笑）、毎回助けていただいていましたね。

——スタッフの皆さんは、初回の放送が終わったとき、花澤さんのことを「死ぬんじゃないか」と思われたとか。

「死ぬんじゃないか」というのは、当時よく言われていたことなんです（笑）。今考えるとありがたいことなんですけど、当時はやることなすことすべてキャパオーバーという感じで。作品でダンスを踊らなきゃいけなくなったときも、レッスン中、私は全然早く動けないし、それなのに信じられないほど汗をかいていたりしたので心配されていましたね。いろいろなお仕事の場で死にそうになっていました（笑）。

——『ひとかな』準備期間から初回放送にかけては、どんなことがありましたか？

それが……実は、当時のことは必死すぎてほとんど覚えてないんです（笑）。ひとつだけ、番組ではなるべく私の内面を掘り下げたり、私に寄り添ったコーナーを作りたいということで、坂本さんと久保さんにインタビューをしていただいたことは覚えています。それをもとに、「干し芋」とか「甘栗」とか、私が好きなものを出したり、番組の構成にお笑いの要素を取り入れたりしてくださったんですよね。

——番組立ち上げ時からの伴走者である久保さん、坂本さん含め、スタッフも当時は若い方ばかりだったそうですね。

久保さんはシャイな方で、めったに目が合わなかったかな（笑）。私もシャイだから、共感できる部分がいっぱいあるんだろうなと勝手に想像していました。でも、番組前にトークの内容を考える時間にはいつも久保さんが話しかけてきて、ネタになりそうなことを上手く引き出してくださっていたんですよね。逆に坂本さんは、誰もが気楽に話せるフレンドリーなお兄さんという感じで、人見知りの私でも最初からぐいぐいツッコんでいける方

で。それから、立ち上げ当時のプロデューサーに奈良（重宗）さんという方がいらっしゃったんですが、当時、本当に若くてチャラついていたんです（笑）。それで、番組内でのあだ名が「チャラさん」になったんですよね。

「ときには毒を吐いてもいい」殻を破れた転換期

——16年間、さまざまなゲストも登場しました。印象深い方を挙げるとすると、どなたでしょうか？

皆さん思い出深いんですが……。中でも特別なのは、ゲストではないんですけど、大好きな地井武男さんに20歳の誕生日祝いと、50回記念放送のときの2回にわたってメッセージをいただいたことですね。当時の私は、自分には何ができるんだろうと不安の中で足掻いていた時期だったんですが、そんなとき、癒やしをいただいていたのが、地井さんの『ちい散歩』（テレビ朝日系列）という番組だったんです。誕生日のメッセージの中にあった「役者はいつまでたっても勉強なんですよ」というお言葉は、今でもはっきり覚えていて。地井さんがそうおっしゃるなら、私なんて一生勉強だよと思うと、力が湧いてきました。

それから、事務所の先輩の中尾衣里さん。衣里さんには番組内でいろいろなことに協力していただいたんですけど、中でも「干し芋子」のCVを引き受けてくださったのが本当にありがたかったです。ラジオドラマを2回も作らせていただいたんですよね。

——『ひとかな』では、名物コーナーもたくさん生まれましたね。

私が当時出演していたアニメが元になって生まれたコーナーも多いんですよね。例えば、「こばと。がんばります!!」は『こばと。』にちなんだコーナーで、私が演じる花戸小鳩が金平糖を集める女の子だったことから、リスナーさんの悩みを私が解決して、答えのできに応じて金平糖をもらえるという内容でした。金平糖が溜まったら、番組が私の願いをかなえてくれることになっていたんですけど、あやふやにされた（笑）。

それから『川柳少女』というアニメがオンエアされた時期には「ひとかな川柳オンライン」というコーナーがあって、これも面白かったですね。番組が考えた上の句を受けて、リスナーさんが中の句を考え、私が下の句を放送中にひねり出すという。リスナーさんからたくさんのメールをいただきました。『ひとかな』のリスナーさんは、何でもありのコーナーに毎回付き合ってメールを送ってくださって。感謝しかありません。

——その後の無茶ぶりコーナー「私、花澤海月ちゃん」も、花澤

さんにアニメ『海月姫』のヒロインのような癒やし系だった時代のことを思い出してほしいという趣旨でした。

そんなちゃんとしたきっかけがあったんでしたっけ！　それに、ちょっと時期的に早くないですか、癒やし系だった時代を思い出してほしいって(笑)。すでに癒やし系だったことが過去になってしまっているってことですよね。結局、リスナーさんの無茶ぶりに応えるコーナーになったんですけど……。

たぶん、『ぽてまよ』のときに、辻あゆみちゃんと2人でやっていたラジオ番組がきっかけだったのかな？　そこで私はパーソナリティの楽しみ方を学んだんです。ときには毒を吐いてもいいんだって(笑)。それもあって、『ひとかな』でも、どんどん自分の殻を破っていったんだろうなと思います。

生活の一部だった『ひとかな』が次の段階へ

——'17年になると、花澤さんがラジオにハマっているという話が出るようになります。その頃から『ひとかな』にも新たな変化が起こるんですよね。

もっと面白いラジオを作りたいと思うようになって、「私はどう変わったらいいんですか?・」と、坂本さんと久保さんに真剣に相談したことがあったんです。そのときわかったのは、結局は、自分がラジオに向かう姿勢なんだということでした。素でしゃべることがそのまま魅力になっているパーソナリティの方もいると思うんですけど、私はしっかり考えないと番組を面白くすることはできないなと。それで普段からラジオで話すためのネタを集めるようになって。メールを選んでいるときも、そのメールのどこをどう膨らませればいいのか久保さんにヒントをいただいたり、コーナーについても、こういうことをやってみたいと意見を出していくようになりました。それまでの私は、みんなが与えてくれるものに対して、ひたすら頑張るという感じだったんですけど、ラジオを好きになったことで、自分から発信できるようになっていったように思います。

――坂本さんたちに花澤さんの発案による印象的な企画を聞いたところ(P69)、「水着回」とおっしゃっていました。

本当ですか、嬉しいです。お笑いコンビの三四郎さんのラジオを聞いて、思いついた企画だったんですよね。三四郎のお2人が裸になってしゃべった回が、ラジオだから姿は見えないのにすごく面白くて、こういう作り方もあるんだと。私がブースで水着になっても映像は表には出ないし、スタッフの皆さんは10代の頃か

ら知っている人たちばかりなので別にいいかと思ってやってみたんです。初回はスタジオでのリアクションが大きかったんですけど、年々薄くなって、'23年の回では、おかP（岡崎プロデューサー）が電話対応で外に出て行ってしまったくらい（笑）。

――そんな企画を発案されたのも、花澤さんのラジオへのモチベーションが高まった結果ということですね。

それまで、私の中で『ひとかな』はお仕事というよりも生活の一部という感覚だったんですよね。2週間に一度、自分のことを聞いてもらうという、内向きの思考だったんです。でもそれじゃ広がらないなと思って、いろんなラジオを聞くようになって客観的に自分の番組を見直して、考えた結果です。水着回だけじゃなくて、どうしたら面白くなるかということをすごく考えるようになったと思います。気づくのに、だいぶ時間がかかりましたけど（笑）。

――そんな中、'22年4月に地上波進出を果たします。

びっくりですよね。本当にありがたいことです。地上波での放送はｒａｄｉｋｏでも聴けますし、どんどんリスナーさんの輪が広がっているのを実感しています。それこそ水着回も地上波でどーんとやる方がいいなって（笑）。

――16年も続く長寿番組となり、地上波進出も果たした今、番組が始まった頃の自分に声をかけるとしたら、どんな言葉をかけますか？

「しっかりしろ！」かな（笑）。普通の10代に比べても遥かにぼーっと生きていたのが、あの頃の私なので。そして「コツコツやっていけば、道が開けるよ」と言いたいですね。

――最後に、今後の野望を教えてください。

とにかく続けることが一番の希望です。私はこの先、放送時間帯や形態が変わることがあっても、それはそれでいいかなと思っているんですよね。今は若い人がたくさん聴いてくださる時間帯でやっていますが、例えば朝の番組になってテンションがガラッと変わっても、『ひとかな』だろうなって。そのときどきでやれることなら、何でもチャレンジしていきたいと思っています。

――地上波に進出したことで、若いリスナーさんがさらに増えたそうですね。

中学生や高校生の恋愛話とかを聞くと、かわいい～と思ってお肌がツヤツヤしてくるんです（笑）。10代や20代の頃には答えられなかった相談も、大人になって少しは落ち着いて答えられるようになったかな。『ひとかな』は私のホームなので、どんな形に変化していこうと、リスナーさんと一緒にずっと続けられたらいいですね。

もふもふ続いてます。

『ひとかな』

のあゆみ

2008

- 1月9日　文化放送のアニラジ専門インターネットラジオ「超！Ａ＆Ｇ＋」内にて放送スタート。隔週水曜19時〜20時。（Ｐ18）
- 2月20日　誕生日回。「東京ドイツ村」の年間パスポート引き替え券をゲットする。（Ｐ40）
- 3月5日　コーナー「株式会社干し芋プロジェクト」開始。（Ｐ24）
- 4月15日　番組公式ブログ開設。
- 4月16日　放送時間変更。隔週水曜20時〜21時。
- 4月30日　番組初ゲストとして辻あゆみを迎える。（Ｐ122）
- 9月3日　現在まで続く長寿コーナー「香菜に胸キュン！」開始。（Ｐ139）
- 11月2日　明治大学明大祭にて公開収録。「株式会社干し芋プロジェクト株主総会」でラジオドラマ

2010

- 2月17日　誕生日ＳＰ。ゲスト中尾衣里。
- 4月14日　コーナー「花澤名人のシュウォッチ逆道場破り」開始。（Ｐ139）
- 10月27日　コーナー「私、花澤海月ちゃん」開始。
- 12月22日　第3回「ひとかなクリスマス会」放送。

2011

- 2月16日　誕生日ＳＰ。ゲスト竹達彩奈。（Ｐ42）
- 3月　花澤が大学卒業。
- 10月12日　コーナー「私、花澤潤ちゃん」開始。（Ｐ139）
- 10月26日　動画にて、１００回記念放送。
- 11月16日　ドラマＣＤ『ほしいもパラダイス2〜万能ネギ男を救出せよ！〜』（ポニーキャニオン）発売。

『干し芋パラダイス～乾物を超えた愛～』上映。キャスト：中尾衣里、下野紘、辻あゆみ、立木文彦、遠藤綾、能登麻美子。（P32）

12月24日
戸松遥、矢作紗友里を招いての第1回「ひとかなクリスマス会」簡易動画放送。（P54）

2009

2月18日
誕生日動画。SP。干し芋子（CV中尾衣里）を進行役に迎え、「芋Qハイランド」放送。憧れの地井武男からメッセージをもらう。（P36）

3月21日
「TAF2009」にて公開生放送。ゲスト中尾衣里。

4月15日
「東京ドイツ村」ロケ動画放送。隔週水曜21時～22時に放送時間変更。

8月19日
三軒茶屋ロケ「かな散歩」動画放送。

9月16日
コーナー「こばと。がんばります!!」開始。

11月1日
横浜国立大学常盤祭にて公開収録。（P128）

11月25日
50回記念放送回。再び地井武男からメッセージをもらう。

12月23日
第2回「ひとかなクリスマス会」放送。

キャスト：中尾衣里、下野紘、立木文彦、遠藤綾、竹達彩奈、戸松遥、井口裕香、日笠陽子、藤原啓治、梶裕貴。

12月21日
第4回「ひとかなクリスマス会」放送。

2012

1月8日
品川 THE GRAND HALLにて、『ほしいもパラダイス2～万能ネギ男を救出せよ！～』発売記念イベント開催。

12月19日
第5回「ひとかなクリスマス会」放送。（P56）

2013

2月27日
誕生日SP。ゲスト小倉 唯への花澤の絡み方が話題に。（P44）

9月25日
150回記念放送。ゲスト中尾衣里。

12月18日
第6回「ひとかなクリスマス会」放送。（P58）

2014

2月26日
誕生日SP。ゲスト日笠陽子。（P46）

4月9日
パンにハマった話が熱く語られる。（P92）

8月13日
「花澤監視官」スタート。

●11月19日
ピラティスにハマった話が初登場。（P96）

●11月23日
仙台市民会館で公開収録&ミニライブ。

●12月31日
第7回「ひとかなクリスマス会」改め、「ちょっと大人な忘年会」放送。

2015

●2月25日
誕生日SP。ゲストはパンライター池田浩明。（P92）

3月28日　花澤の公式Twitter（現：X）が開設される。

●4月22日
番組公式Twitter開設。

●8月2日
東京アニメ・声優&eスポーツ専門学校にて200回記念公開収録。

●10月8日
毎週木曜23時〜23時30分に放送時間変更。

●12月24日
第8回「ひとかなクリスマス会」放送。

2016

●2月25日
誕生日SP。久野美咲がゲスト。（P48）

●11月10日
文化放送のある浜松町で外ロケ回。

●3月7日
誕生日SPの10万円を使って行われたディレクターの香川ロケが放送。（P52）

●7月18日
放送400回記念として、初水着回。（P90）

●12月26日
第12回「ひとかなクリスマス会」放送。（P64）

2020

●2月20日
誕生日SP。
ゲスト黒沢ともよ&ピラティスインストラクターWakana。（P50）

●8月27日
第2回水着回。（P90）

●12月24日
第13回「ひとかなクリスマス会」放送。（P66）

2021

●2月25日
誕生日SP。日笠陽子がゲスト。

●8月19日
第3回水着回。（P90）

●12月23日
第14回「ひとかなクリスマス会」放送。

2022

2月25日　花澤のオフィシャルファンクラブ『Destination Club』開設。

2017

11月30日
11thシングル『ざらざら』リリースを記念し、LINE LIVEにて『「ひとかな」出張版！花澤香菜ひとり「さしめし」』放送。

12月8日
第9回「ひとかなクリスマス会」放送。

2018

2月23日
誕生日SP。久野美咲がゲスト。

7月20日
ラジオにハマった話が初登場。（P98）

8月17日
300回放送。番組ロゴリニューアル発表。

12月28日
戸松遥、矢作紗友里をゲストに迎え、10周年記念公開放送。（P60）

2019

3月1日
誕生日SP。構成坂本と健康チェック対決を行う。

11月15日、22日
川越ロケ前後編放送。

12月20日
第11回「ひとかなクリスマス会」放送。（P62）

1月17日
コーナー「ひとかな川柳オンライン」開始。（P139）

2月28日
誕生日SP。構成坂本から誕生日プレゼントとして10万円をもらう。（P52）

2023

4月3日
明治がスポンサーに。
番組名が『明治presents 花澤香菜のひとりでできるかな？』に変わり、地上波進出。毎週日曜22時30分～23時に放送時間変更。

4月17日
花澤が新型コロナウイルス感染のため、日高里菜代打にて放送。

7月
文化放送のフリーペーパー『フクミミ』7月号表紙を飾る。

9月4日
第4回水着回。（P90）

9月23日　明治公式Twitter配信
『ラジレート～ラジオとチョコレートは明治～』で佐久間宣行と共演。

12月25日
第15回「ひとかなクリスマス会」放送。

2月10日　明治公式YouTube & Twitterで配信された第2回『ラジレート～ラジオとチョコレートは明治～』で佐久間宣行、山崎怜奈、アルコ&ピースと共演。

2月26日
誕生日SP。番組本制作決定。

5月28日
放送600回記念で、「ひとりでできるかな？」に挑戦。（P140）

9月3日
第5回水着回。（P90）

花澤香菜、『ひとかな』初回放送を振り返る。

第1回 2008年1月9日

〜オープニング〜

花澤日記。

干し芋もらった、幸せです。

干し芋食べて、幸せです。

もふもふもふ。

何だかとってももふもふしました。

世界中のみんなが干し芋を食べて幸せになればいいと思います。

干し芋を食べるとみんな笑顔になります。

もふもふもふ、みんな幸せです。

もふもふもふ。

・・・

花澤　皆さんこんばんは。花澤香菜です。ついに私がひとりでお送りする番組『花澤香菜のひとりでできるかな？』がスタートしました。

さっきのポエムは、毎回日記的なものをオープニング前に付けるというコーナー的なもので、私が考えるそうでーす。ちなみに〝もふもふ〟は、今私の中で最高に幸せなときの表現です。もふもふ。今までラジオ番組のパーソナリティ歴は2回ありましたけど、すべて相方に任せております。というのは、ちゃんとしゃべれないからなんですけど……**大丈夫ですかね？**　1時間だそうです……**大丈夫ですか？**

私のモットーは、「ラジオはやるもんじゃなく、聴くもんだ」ですので、むしろ聴くようにラジオを進めていきます。だから、あんまりしゃべらなくてもいいですよね……？　ダメ？　ダメだそうです……。

意気込みは、あんまりこんなにべらべらしゃべ

comment

一番最初は「日記」だったんですね！　今とはテンションが違ってびっくりしますが、でも、自分なりに面白いことを言おうと思って頑張って考えてたんだと思います。（花）

comment

すでにブースの隅にいる坂本さんに頼ろうとして、話しかけてる（笑）。この頃、ひとりでしゃべるということに本当に慣れてなかったんですよね。（花）

ることがないので、私のことをわかってもらえるといいなと思います。

それでは、『花澤香菜のひとりでできるかな？』スタートしちゃって、いいのかな？

・・・

〜引いたキーワードに沿って10秒以内で自己紹介する「花澤香菜、キーワードで自己紹介できるかな？」コーナー〜

花澤　「好きな食べ物」、干し芋です。

「苦手なもの」、砂肝。

「1日のメール回数」……そんなのわかんない。

「好きな音楽」、なんかピコピコ系の音楽が好きですね。

「一番悲しかった思い出」、悲しいので思い出したくないです。

「一番嬉しかった思い出」……何だろう……。

チーン（時間切れの音）

「最近知った知識」……待ってください、最近絶対知ったことがあるのに（チーン）、やだもーひどい（笑）！

「周りの人に言われること」、しっかりしろ。

「100万円あったら何をする？」、貯金。

チンチンチンチン（タイムアップ）

（ここから詳しく自己紹介）

花澤　まず、**好きなものを3つ挙げるとすると、干し芋、甘栗、パン！　干し芋って、ロマンなんですよ。**干し芋、ぺっちゃんこじゃないですか。芋的にああなる前にいろいろとあるわけですよ。芋的な気持ちとしては。まず、スライスされるじゃないですか。「これから俺どうなるんだろう」ですよね。それから洗濯ばさみ的なものでとめられるじゃないですか。で、挟まれると、「あ、これもしかして干される!?」って思うじゃないですか。周りのヤツからも「干される、干される、干される」って干されるコールが。で、10日くらい経つと**「あ〜干されているよ〜。どんどん干されていくよ〜」となるんですよ〜。干されているんですね。**それでパックされるときに、**「俺は完全に干されてしまった……」と感じるわけですね。**みんな、そういうストーリーがあるとした上で食べ

comment

甘栗は学生時代、甘栗のお菓子をいつもバッグに入れていて、「これはお守りなんです」って言ってる痛いヤツでした（笑）。（花）

comment

当時、「干される」っていう言葉が面白いと思っていたんですよね。だって焼き芋とかふかし芋にしたらあんなにホクホクになるのに、干されちゃうんですよ？　……そんな私の妄想が、「干し芋プロジェクト」につながりました（笑）。（花）

てください。私はそう思いながら食べています。何か文句ありますか？

（好きなものの話から、唐突にスーツ＆眼鏡語りへ）

花澤　……あ、私、ちょっと好きな服装があって、いいですか？　前後するんですけど。私、スーツの男の人大好きなんですよ。眼鏡、スーツ、黒髪です。萌えますね。男の人のスーツって、そこにちょっと見栄が見えるじゃないですか。俺スーツ着ちゃってるけど、ほんとは弱い子みたいな（笑）。ちょっとナヨナヨしてなきゃダメなんですよ。電車の中でもふらついちゃって、あ～ごめんなさいみたいな。ナイス眼鏡。私とぶつかって眼鏡が落ちるんですよ。落ちて、はっと見た瞬間の顔が、「Ｏｈ……」みたいな。黒髪はなぜか？そりゃあ、潤いがあるからじゃないですか。１回も染めてない黒髪がいいですね。わかるか？　わかりますよ。１回も冒険をしたことがないような顔の人ですよ。

好きな音楽、ピコピコ系。電波系といわれる中田ヤスタカさんとか。ＭＯＳＡＩＣ.ＷＡＶさんとか。自分が機械になったみたいなピコピコした気分になりませんか？　（ブースにいる坂本は無反応）……ちょっと興味持ってくださいよー。なんか作家さんがピコピコ系の音楽に興味ないそうなんですが、何が好きなんですか？

中島みゆき!?『銀の龍の背に乗って』ファルコンだ！（唐突に）私『ネバーエンディング・ストーリー』大好きなんですよね。え、違う？**ファルコン的なものじゃなくて？**　じゃあ今度『ネバーエンディング・ストーリー』流しましょうね。

「周りの人によく言われること」。しっかりしろ。**私、横断歩道を雰囲気で渡っちゃう人なんですよ。**死にますよね（笑）。高校時代に友達に注意されてからあまりしなくなったんですけど、渡ってもいいかな？　って、見ないで。むしろ渡らせてくれ、みたいな。雰囲気で渡ろうとしていつも友達に「ちょっとちょっと、今赤だから！」って止められてました。

ということで、少し私のことをわかってもらえたでしょうか？

・・・

～「大人の女性になれるかな？」コーナー～

花澤　私が思う大人の女性、そうですねー。六本木でチワワを連れて、犬の散歩にもかかわらずヒールを履いている。あと、ファーをふぁっさふぁさしてる感じ。そんな感じですかね。そうなりたいか？　そうなりたくもないけど（笑）。一回くらいやってみたいですね。

では、今回はお試しで挑戦してみたいと思います。

「問題：公園で散歩をしていたらボールが転がってきました。向こうではボールをとって、と子どもたちがサインを送っています。さて、どうやってボールを返す？」

……えー、首に巻いてあったファーをふぁさっととって、そのファーでボールをつっついて投げてあげる？

「正解：両ひざをついてボールを拾い上げ、子どもたちに笑顔を振りまいてそっと近づき、手渡しでボールを渡す」

坂本　花澤さんってそこでボケちゃう人なんですね？

花澤　大人の女性の感じを出したんですよ！　一番のポイントじゃないですか。遊んでいた小学生に「あ、大人の女性だ……」って思ってもらわないと意味がないじゃないですか。

カンカンカンカン！（タイムアップの鐘）

えー！

・・・

～「お悩み相談にのれるかな？」コーナー～

花澤　私は相談をするのもされるのも半々くらいなんですが、解決する能力がないので、あんまり頼りにされないですね（笑）。まあ、頑張ります！　最初の相談者はスタッフのNさん。

僕は見ての通り全然モテないんですが、知り合いの女性に女の子紹介してあげようかと言われて「とりあえず写メ見せて」と言ったらこっぴどく叱られました。どうして怒られたのかもわからないのですが、女性に紹介してもらえそうなときどう答えたら正解なんでしょうか。

花澤　「写メ見せて」はダメですよ！　顔は気になるかなあとは思いますけど、でも女の子の「かわいい」はあてにならないっていうじゃないですか。かわいい女の子がいいんですか、みんな？　うなずいてる……。女は顔じゃないよ！　男も顔じゃないけど、眼鏡だけど。あれ（笑）？

だって合コンに呼ぶときに自分よりかわいい女の子は呼ばないっていうじゃないですか。私、合コンには行ったことないんですけど。でもきっと、紹介するのも自分よりかわいいと思ってない子を紹介するのかな？　わかんないや。むしろその知り合いの女性と付き合っちゃえばいい。その女性と付き合っちゃえばいいってことです！

〜エンディング〜

・・・

花澤　いろいろやってきましたが、皆さん気づいたと思うんですけど、なんか全部のコーナーに「かな？」が付いていて、うざかったら言ってください（笑）。

今日は緊張しました……あれ緊張したのかな？　あまりしてない気もするけど。私、このまったりした雰囲気が割と好きです。1時間皆さん長かったでしょうか？　私的にはあっという間だったんですけど。大丈夫かな〜。大丈夫ですよ。私たちやればできる子なんです。

ということで、この時間は、花澤香菜がお届けしました。次回も聴いてくれるかな？

振り返り総括

自分なりに爪痕を残そうとしているな（笑）。当時、自分のキャラクターを模索していた一方で、笑いを取りたい欲求が常にあったんですよね。その葛藤が表れた初回放送でしたね。

comment

この私の回答、全然ダメですねえ。正直、私だって写メは見たいです（笑）。顔もわからずいきなり会うって、ハードル高い。でも、これはNさんの言い方がダメだったんだと思いますよ。「俺、真剣だから。一度お写真だけ見せていただけませんか？」だったらよかったんだと思う。（花）

『ひとかな』といえば？

やっぱり 干し芋プロジェクト かな？

花澤の干し芋愛から生まれ、番組初期に立ち上がった企画
「株式会社干し芋プロジェクト」。ラジオドラマ、グッズ制作など
数々の展開を見せた同プロジェクトを振り返ります。

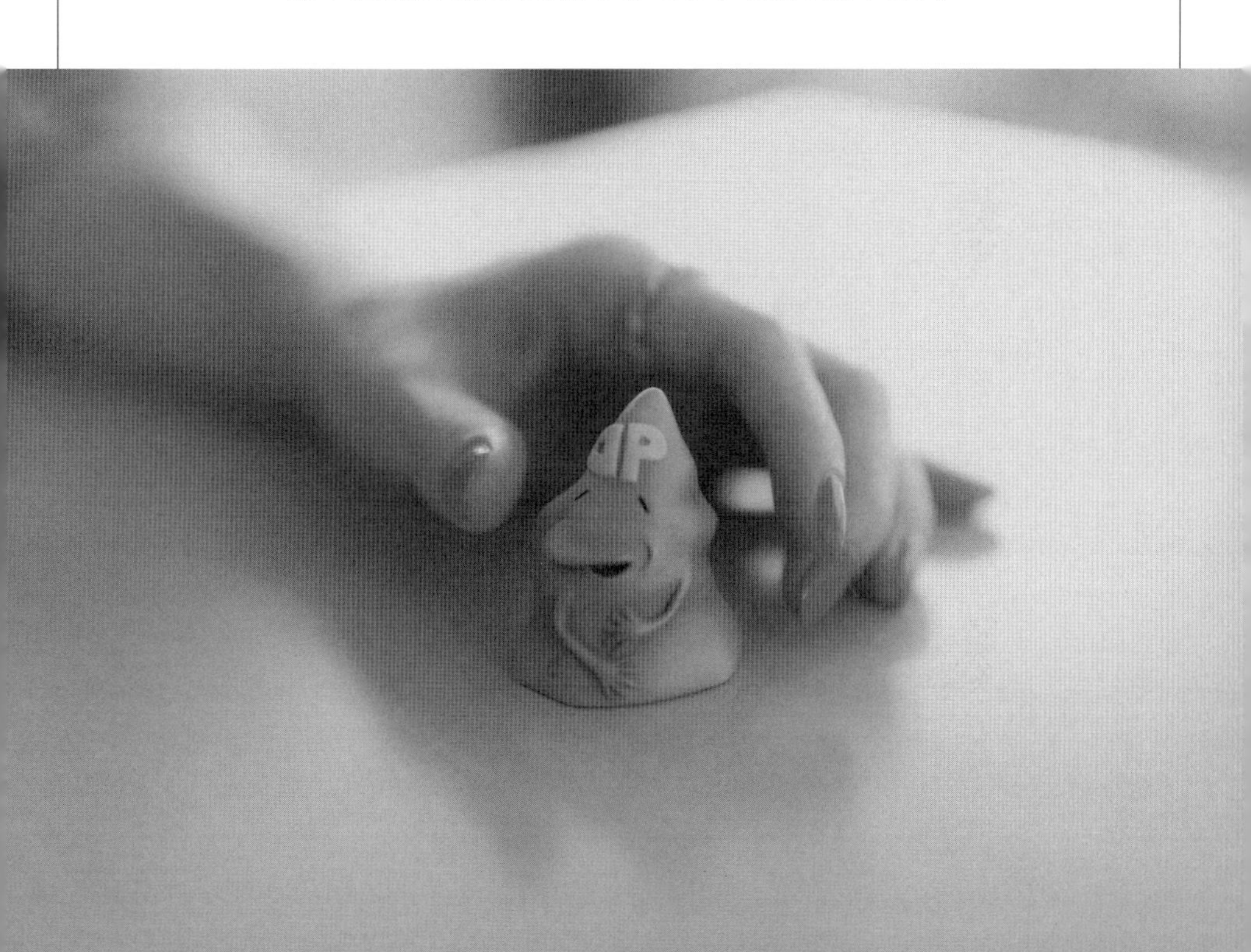

干し芋プロジェクト、始動。

第5回 2008年3月5日

番組冒頭の「花澤日記」を、長年温め続けた干し芋子の物語を毎回小出しにする場にしようとする花澤の目論見を危惧したスタッフが、新コーナーを設立。「干し芋プロジェクト」の全貌が明らかに。

〜オープニング〜

『干し芋パラダイス〜乾物を超えた愛〜』

第1章「乾物の国」。

乾物の国。そこは地球で干されてしまったものたちが、お互いを励まし合って暮らしている、安らぎの場所。乾物の国の住人は、「地球でひどい干され方をした」という辛い過去を持っている。そのショックで、表情がゆがんだままになり、住人たちの顔は常に半笑いである。

干し芋子。彼女もそんな住人のうちのひとり。しかし、芋子は昔、ある掟を破り、芋の神から呪いをかけられてしまった。おでこに刻まれた「DP（ドライポテト）」の文字がその印。

次回、干し芋子の過去。お楽しみに！

・・・

花澤　「株式会社干し芋プロジェクト」！

このコーナーは、前々から言っているように、私=干し芋になるようにするにはどうすればいいかを考えていくコーナーです。なんかテンション上がりますねえ！　**だって、私=干し芋になるんですよ。すごくないですか（笑）？　よく考えてみてください。私、芋じゃないんですよ。すごいと思う。**

これ、練ってるんですよ。芋子の絵とか、描いてるのにどこに出せばいいんだろうと。『干し芋パラダイス〜乾物を超えた愛〜』をフルカラーで描きますので、出せる機会を設けてください。

さて、さっそくですが、ここからは、私＝干し芋にするには何が必要かを考えていきたいと思います。

まあね、私の中にすでに戦略としてあるんですけど、まずは干し芋子のキャラクター自体を広げて、みんなに知ってもらう。そして、スポンサーが付く。**そして、ミートボールを作る。**……あ、ちょっと待ってください（笑）。

キャラクターありきのミートボールなので、ミートボールにキャラクターは入っていません。「仮面ライダー」ミートボールと同じことです。「干し芋子」ミートボールみたいな、キャラクター商品展開です。そして、そのうち「干し芋子ワンダーランド」的な乾物遊園地ができるわけですよ。最初ふやけてるんだけど、水をみんなで一生懸命かけて動かすみたいなアトラクションとか。おお〜なんか現実的。現実的じゃない（笑）？

あとはアニメ化。J．C．STAFF[※1]さんに作ってもらいたいなあ（笑）。ダメかな？

あとは、なんか記念日が作れるらしいですよ。干し芋子の記念日。ちゃんと理由をつけて、何でその日が干し芋子の日なのかっていうのを説明しなきゃいけないんですが。

（以下、記念日を勝手に設定）

難しいな。ほ、し、い、も。**「ほ、し」で「8、4、8、4」？　じゃあ8月4日で8＋4！**　8月16日！　……誰も反応しない（笑）。**足すとかないか。「ほ、し、い、も」で8月……4＋1＋0（笑）。じゃあ、4−1−0。**え−何で（笑）。

そんな感じで、広げていきたいわけですよ。だからみんな私と同じような妄想を膨らませて、**ちょっと協力してください！**　企画部員として、芋子グッズにかかわらず、プロジェクトに参加してもらいます。アイデアを募集します。

ということで、今回はどんなことをしていくかを考えてみました。あなたのうちにミートボールが届く日も、そう遠くはない！

以上、「株式会社干し芋プロジェクト」でした。

※1　アニメーション制作会社。『ぽてまよ』（07年）、『贄姫と獣の王』（23年）など、花澤が出演するアニメ作品も多く手がけている。

ドラマCD制作提案が華麗にスルーされる。

花澤 「株式会社干し芋プロジェクト」、グッズ制作決定！ いえ～い。

なんと今回、早くもグッズ制作に向けて動き出すことが決定しました！ 番組の予算上、生産ラインは3人。……3人って！ この3人で作れそうなグッズを考えて、芋子グッズを実際に制作していきます。今回は、まず「最初に何を作ればいいのか、社長自ら考えてください」というメッセージが届いています。

とりあえず、タクシーのショートムービーはどうかな？

（ブース外のスタッフは「……は、置いといて」のジェスチャーでスルー）

はい。缶バッチ、ステッカー、クリアファイルは外せないと思いますよ。私が学校で配ります。あとは、ドラマCD作りませんか？ **キャストの皆さんには、「アニメ化になっても、キャストは変えませんから」って押せば、それでつかみはオッケーですよ！** 大沢事務所も全面協力で（笑）。

……とりあえず、この中から実際に作れそうなものを挙げるとするならば、経理担当の奈良（プロデューサー）さん、どうですか？

（奈良Pより、「クリアファイル、ステッカーは作れそう。ドラマCDはちょっとどうかな」という声）

花澤 えー。

奈良P　ほかのキャラクターが決まってないから……。

花澤 じゃあキャラクターを決めればいいじゃな

いですか！

奈良P　まずはクリアファイルから……。

花澤　選んじゃった（笑）。とりあえずクリアファイルからってことですかね。……「絵が出るグッズがいい」？　ドラマCDだって、表紙に芋子を描けばいいじゃないですか！

奈良P　いや、そこはほらキャラクターが決まってないから。

花澤　じゃあ、キャラクターが全部決まったらいいんですか？

奈良P　……まあ。

花澤　やったあ！　物語はね、私が大筋を考えているんで。じゃあ**その続きをしたためておきますよ。**あと、リスナーさんにはドラマCDに向けて、芋子以外の乾物キャラクターたちを考えてほしいんですけど。乾物縛りですんで、乾物以外のものは送らないでください（笑）。

私、「レーズン大統領」というのを最近考えました。ちっちゃいんだけど、偉いというキャラクターです。あとは「ドライトマ子」でしょう、それから「万能ネギ夫」。万能ネギ夫は、〝乾物を超えた愛〟だから、乾物の国の住人ではなくて地球の人なんですよ。乾物を超えた愛のヒーローですよ。あとは例えば干し柿とか、いろいろあると思うんで。

容姿は私が考えてもいいんですけど、名前、性格、悲しい出来事。その3つを記入して送ってきてください。どういう干され方をして乾物の国に来たか、とか。ひどい干され方をしたっていう、悲しい背景がないと、みんな物語に入ってこれないから。**乾物の国の人たちは、悲しい経験をしてるから、みんな口が半笑いなんですよ。**だから、キャラクター全部半笑いにしてくださいね。

……はあ、いいねえ。

それでは、今日挙げた中からグッズも制作していきます。番組内でもちょこちょこお知らせしていきますので、社員の皆さんこと……社員の皆さんなんだ（笑）……リスナーさんもどんどん参加してください。

以上、「株式会社干し芋プロジェクト」でした！

浅沼晋太郎に脚本を依頼。

第13回 2008年6月25日
ゲスト：浅沼晋太郎

花澤 今日は企画担当の浅沼さんが来てくれたので、今後の展開を話し合いたいと思います。まず浅沼さん、案をお願いしまーす。

浅沼 おい突然だな！ えぇ……立場として、僕は企画担当の社員みたいなことですか？ 花澤さんは社長。（前回ゲストの）辻さんもそういうハメに……、あ、ハメにって言っちゃった（笑）。

花澤 自作の干し芋Tシャツをあげました。「嬉しい！」って言ってましたよ。

浅沼 あー大人ですねえ。

花澤 えー？ さっそくキャラの案とか来てるので、紹介したいと思います。

干し芋プロジェクトの新キャラ、数の子はいかがですか？ 性格は幼稚でわがままを言いたい放題。どんな干され方をしたのかというと、親元から無理やり引き離され、傷口には塩を塗り込まれてあまりにも泣きすぎて本来のプチプチの肌も張りがなくなってしまい……そんな数の子がたどり着いた先が乾物の国だった、という感じです。

（プレスホッパー）

浅沼 重くないですか!?

花澤 **いや全部重いんです、このコーナー。** でもちょっと言いたい。数の子は乾物ではない。

浅沼 うん、根本的な問題ですもんね。

（ほかにも、人のようなキャラ案が目立つ）

浅沼 これ、いいの？

花澤 人だとリアルに悲しい話になってしまうので、干されているものがいいです。

浅沼 香菜ちゃんタッチのあのキャラにするこ

とで、悲惨さが和らぐってことだよね？　それを見た人が「よし、俺も明日から頑張っていこう」って思えるのがいいってことですよね？

花澤　すごい、そこまでわかってらっしゃる。

浅沼　**わからなければよかったです。**だから数の子はちょっと違うのかな？　社会的に干されてるだけじゃなく、乾物にされてるのが好ましいってことよね？　じゃないとパンのみならずいろんな食材が出てくる某アニメみたいになっちゃうってことだよね？　あれと被ってはねぇ。

花澤　負けてしまう……。

浅沼　そこは謙虚だな（笑）。

（ラジオドラマ制作の話へ）

花澤　ラジオ的に絵だけだとヒキが弱いので、ショートプロモーションラジオドラマを作るっていうのはどうでしょう？　早めに台本を上げて、ゲストに来た人にも参加してもらえば、すごい豪華になるじゃないですか！

浅沼　それで、今後もゲストに来た人に「これに加われや」と言っていくと。

花澤　そうです。**ゲストに呼んだと見せかけて、このプロジェクトに参加させる**っていう。

浅沼　体育館裏に呼び出す感じね。告白かな？と思って行ってみたら怖い人いたみたいな（笑）。

花澤　で、浅沼さんには脚本を担当していただきたいんですけど。

浅沼　すげーな！　公の電波で。それで俺、「いや、無理です」なんて言ったらめっちゃ感じ悪いじゃないですか。かといって「はい！　受けます」っていうのは……**何も見えなさすぎて怖い。**

花澤　（笑）。

浅沼　だって、ブースの向こうのスタッフさんたちから、「そうですよ!!」って気迫が感じられてれば「これはいい企画になるのかもしれない」って思えるかもだけど、**みんななんかね、ちょっとね、「うーん、どうなのかな？」って首傾げてたりするんですよ。**

花澤　**心ではいいと思ってないのかもしれない。**

浅沼　でしょ!?　飛び込むの怖いんですけれども。でも、まあ、か、考えてみますよ……。

芋子フィギュア完成。クリアファイル制作は遅延。

第18回 2008年9月3日

4月にスタートしたはずの干し芋子クリアファイル制作が9月の段階になっても一向に進んでいないことに焦る花澤。ブースの外でとぼける奈良プロデューサーをネチネチと責め続けます。

花澤　いまだに干し芋子クリアファイルができてないんですけど。どういうことですか。（とぼける奈良P）……「ん?」じゃないですよ（笑）。大丈夫。奈良さんならきっと作ってくれるよね?……**「ん?」じゃないんですよ!!**

いまいち発展がないこのプロジェクトなんですが、やる気のあるリスナーさんがたくさんいるのでね、その証拠に番組にすごいものが送られてきました。

僕は趣味で造形をやっているのですが、干し芋子を初めて見たときあの美しい姿に魅了され、立体化したい衝撃にかられました。（中略）勝手にフィギュア化をしてみたので、写真を添付します。よろしければ感想をお願いします。（ボイスケース）

花澤　わかってるねえ〜〜〜!　うふふふふ（笑）。もうね、私、打ち合わせでこの姿を初めて見たとき、衝撃的すぎて「何これ気持ち悪い!」って言っちゃった（笑）。自分で考えたキャラなのに。これやばいですよ。何とも言えない表情というか、立体化したらこうなるんだっていうね。すごいよ、見えてきたよ。これ、実物をぜひ文化放送に送ってきてほしい![※1]

※1 後日スタジオに到着した干し芋子フィギュアがこちら。

ありがとう！　**こんなに手の込んだことをしてくれてるのを見るとね、「クリアファイルの1枚くらい作れるんじゃないか!?」って思いますけどね！**

新しいキャラのお便りも来ているので、紹介したいと思います。

新しいキャラを考えました。名前、煮干し魚太郎。干され方、本来なら刺身として立派に食されるはずだったが、小さすぎたため、からっからに干されてしまった。身長にコンプレックスがあり、シークレットブーツを常に履いている。本人はばれないと思っているが周りは知っている。カルシウム豊富なのに何で大きくなれないのか、常に悩み続けている。（ニーザー）

花澤　いいじゃないか。ネーミングセンスいいよ。煮干し魚太郎。なんかちょっとかわいそうだしね。煮干しって、刺身だと何なの……？　**煮干しは成長したら何かになるのかな？　マグロ？**水族館のお兄さんに聞いてみよう……。次。

名前、煮干しいりこ。性格、素直。小さな頃から銀座の一流料亭の出汁になることを夢見て頑張ってきた。しかし、ようやく煮干しに加工され、はるばる長崎から上京した途端、悪い人に騙され、ザリガニ釣りの餌にされそうになる。間一髪のところで逃げ出したが、それ以来他人を信じられなくなってしまった。（金魚姫）

花澤　かわいそう！　さっきの煮干し魚太郎とセットで傷をなめ合ってほしいね。「私と同じ匂いがする」ってね。いや〜これで1話書ける。

うん、そんな感じでキャラも増えたことだし、次回あたりには**いい加減クリアファイルのデザイン**※2**くらいは見せられるようにしておいてくださいね!?**（とぼける奈良P）……**そんなかわいこぶってもダメですよ!!**

※2 後日完成した「芋子クリアファイル」がこちら。

ラジオドラマ『干し芋パラダイス～乾物を超えた愛～』

第23回 2008年11月12日 明治大学明大祭にて公開収録

紆余曲折の末、ラジオドラマ『干し芋パラダイス～乾物を超えた愛～』が完成。干し芋子役・中尾衣里、万能ネギ夫役・下野紘、ドライトマ子役・辻あゆみ、レーズン大統領役・立木文彦、サヤエンドウ役・遠藤綾、そしてナレーションに能登麻美子という豪華布陣で、明治大学明大祭にて披露されました。

ナレーション（以下N） 乾物の国。そこは地球で干されてしまった者たちが、お互いを励まし合って暮らしている、安らぎの場所。人口の70%を干し芋が占め、住人の多くは、「地球でひどい干され方をした」という辛い過去を持っています。そこに住むすべての乾物たちは干されたショックで、表情がゆがみ、住人たちの顔は常に半笑いになっています。

干し芋子。彼女もそんな住人のひとり。（中略）そんな芋子は、今、恋に夢中になっていました。

芋子 ネギ夫さーん！　ぐふふ……。

ネギ夫 芋子さん！

芋子 今日も、会いに来ちゃった……♡

ネギ夫 もうここに来てはいけないと言ったじゃないですか。こんなところを人に見られたら、どうなるか。

芋子 うちら愛し合ってるのに何が悪いの！　愛し合ってるだって♡　ぐふふ。

・・・

N 本来、この国に住んでいるはずのないみずみずしい状態の万能ネギ夫。2人の出会いはあ

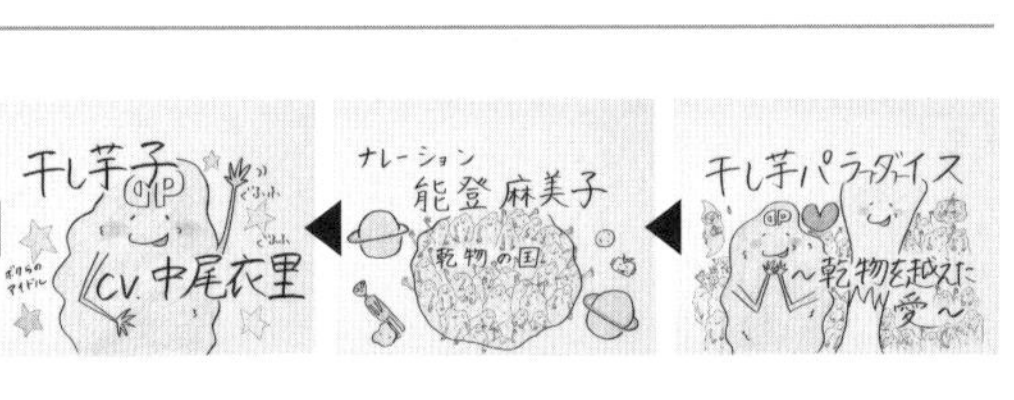

ストーリーに合わせて描かれた花澤直筆イラストを紹介。

る組織に追われ、深い傷を負っていたネギ夫を芋子が助けたことから始まりました。（中略）そんな危険と隣り合わせの密会を繰り返していたある日、この国で一番見つかってはならない乾物に見つかってしまったのです。

トマ子　見ーちゃった！　芋子ちゃん、干されてない奴を通報しないどころか付き合っちゃってるなんて。だーいーたーん！　これはさっそくみんなに言いふらさないと！

ネギ夫　今、誰かが向こうに走っていったような気が……。

芋子　な、なんですって⁉　……あの後ろ姿は、ドライトマ子ちゃん⁉　まずいわ……あの子の口は、からっからに乾燥させた和紙よりも軽いって有名なの。すぐに言いふらされてしまう～！

・・・

N　結局、トマ子は街の中央公園で芋子とネギ夫の密会の様子を伝えてしまいました。芋子が公園に着いたときにはすでに手遅れ。公園に居合わせた住人たちは、芋子を囲んで激しく罵倒し始め、公園内は大騒ぎになっていました。

するとそこに、外遊から戻り、干し芋ハウスに帰る途中のレーズン大統領と、大統領補佐官のサヤエンドウが車で通りかかりました。

サヤ　ごめんなさい。この騒ぎは何？

（2人の関係がサヤ補佐官の知るところに）

サヤ　干し芋子。これはあなたが思っている以上にこの世界では重罪になるのよ。

芋子　そ、そうなんですか。

サヤ　あなた、そんなことも知らないのね。じゃあこの条例を犯した乾物は、無条件で島流しになるということも？

芋子　し、島流しぃ⁉　うち、島流しになるんですかあ⁉

サヤ　そうよ。しかも、相手が乾物ではない場合、対象は一畳一間に山のような乾燥剤と一緒に詰め込まれ、水分がすべて抜けて干からびてもその部屋から出されることはなく、部屋ごと宇宙へ飛ばされることになってるのよ。

芋子　待ってください！　うちが島流しなのに、

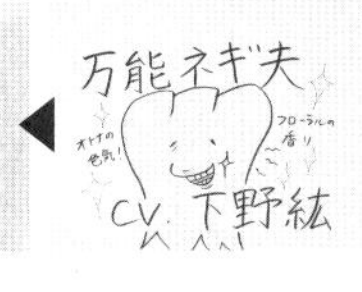

ネギ夫さんに対する仕打ちがあまりにも！

サヤ　この国では、干されている者には温情をかけるけど、そうでない者には、死よりも辛い罰を与えると、決まっているの。

芋子　お願いします。うちがどうなってもかまわないから、ネギ夫さんは助けてください！

サヤ　どうしようもないわね。これがルールなの。

・・・

ネギ夫　芋子さん！

芋子　ネギ夫さん！　何でここに？

ネギ夫　芋子さんに待っててって言われたけど、やっぱり不安で……。芋子さんには悪いけど、街までこっそり出てきてしまいました。

芋子　そんな危険をおかしてうちに会いにきてくれたの？　ぐふふ。

サヤ　あなたがネギ夫ね。自分から出てきたってことは、覚悟ができてるってことよね？

ネギ夫　当然だ。その代わり、芋子さんはおとがめなしにしてほしい。

芋子　ダメよネギ夫さん！　うちなんて島流しにされるだけなのよ。それに比べてネギ夫さんは、ひたすら乾燥されて、最後は……！

ネギ夫　芋子さん！　気持ちはすでに決まっています。さあ、サヤエンドウ。僕を乾燥剤がぎっしり詰まった部屋に連れていくといい！

大統領　パチパチパチ。話はすべて聞かせてもらった。

聴衆　かーんそう！　かーんそう！

サヤ　レーズン大統領！

大統領　サヤ補佐官。ものには、例外というものがあるんだよ。特に愛は、ルールでがんじがらめにできないものだ。今この場に居合わせる乾物たちよ。私の意見を聞いていただきたい。干し芋子は、干されていない万能ネギ夫に恋をするという重罪を犯した。しかしときには、乾物同士とか、そういったしがらみを忘れ、純粋な気持ちで愛し合うということがあってもいいのではないか。私は2人を見て、そう思ったのだが⁉

サヤ　大統領！　それでは、ほかの乾物への示しが……！

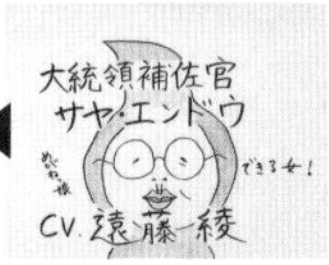

大統領補佐官
サヤ・エンドウ
CV.遠藤綾

レーズン大統領
CV.立木文彦

聴衆　レーズン！　レーズン！　レーズン！

大統領　サヤ補佐官……乾物たちの声が聞こえるか？　これが答えということだ。

・・・

大統領　よろしい！　干し芋子と万能ネギ夫の判決を言い渡す。芋子は、情状酌量の余地ありとして、シイタケの森の清掃を1年間。そして、万能ネギ夫は国外追放とする。以上だ。

ネギ夫　大統領！

大統領　判決は出た。早くここから立ち去りなさい。乾物港から出る宇宙船に乗って、この国を去るんだ。

芋子&ネギ夫　ありがとうございます！

～港にて～

芋子　ネギ夫さん……2人っきりだね♡　ぐふふ。

ネギ夫　芋子さん……そろそろ時間だ。行かなくちゃ。

芋子　あ、うん、でも。

ネギ夫　いいんですよ。僕もこうして無事生きていられることになったし、芋子さんも1年間のボランティア清掃ですんだんだし。

芋子　でも、うちらもう会えない……（泣）。

ネギ夫　そんなことはないですよ！　僕はこれから、地球に戻ります。そして、地球でひどい干し方をしている人たちに直接会って、考え方を変えさせるために行動を起こそうと思ってるんです。ひどい干し方をしている人たちが心を入れ替えてくれれば、乾物の国の人たちの態度も少しは変わるかもしれませんからね。

芋子　ネギ夫さんならできそう♡　ううん、絶対にやりとげてぇ！

ネギ夫　約束します。いつかきっと、地球と乾物の国を和解させてみせます！　そのときは、僕と……。いや、それは全部終わったときに言うことにします！　じゃあそろそろ船が出ますから。

芋子　必ず、戻ってきてね。……約束だぞぅ♡

ネギ夫　はい。約束です！

芋子　……！　ネギ夫さーーーん！

N　こうして、万能ネギ夫は地球へと旅立っていきました。約束を果たすために――。もふもふ。

涙と笑いの「芋Qハイランド」。

第30回 2009年2月18日

20歳の誕生日SPは、干し芋子（CV中尾衣里）をナビゲーターに迎え、「芋Qハイランド」という架空のテーマパークを花澤が楽しむという設定で進行。映像付きでの放送を活かした（？）演出と、続々と届くお祝いメッセージに笑いあり、感動ありの回となりました。

芋子 ぐふふ〜♡ 香〜菜ちゃん！「芋Qハイランド」へようこそ〜。香菜ちゃんのバースデーということで、今宵限りオープンする「芋Qハイランド」に香菜ちゃんをご招待〜！ このテーマパークの案内役は、干し芋子です。お久しぶりです。よろしくね。ぐふふ！

花澤 すげ〜！ 芋子からメッセージもらっちゃいました。

（ここから額にDPの文字が付いたスタッフ手製の被り物を付け、芋Qハイランドを楽しむ花澤）

ピコーン！

芋子 誰かからお祝いの言葉が届いたみたいだよ。いもーん。

（川澄綾子からのメッセージ動画）

川澄 おめでとうございます。20歳になったということで、綾お姉さんからひとつ。**酒は飲んでも飲まれるな。**いろんな誘惑はあるかと思うんですが、私の実体験からの言葉として、肝に銘じておいてくださいね。そしてこれから香菜ちゃんはどんどんかわいく美しくなっていくかと思いますが、お仕事もプライベートも充実させて、素敵な女性になっちゃってくださいね。

花澤 川澄さん……！ ありがとうございます。なんかグッときました。うわー何これ。

（突然流れる恐怖の音楽）

【リスナーの推薦コメント】

『ひとかな』で特に印象に残っているのは、20歳回。記憶はおぼろげではあるのですが、先輩方からの動画メッセージが流れ、当時、動画放送はまだ珍しい方だったので印象に残っています。「酒は飲んでも飲まれるな」が被っているのが、なかなかに秀逸でした。（青）

芋子　さあ、次のアトラクションは～「芋Qパニックルーム」。テーマパークにはおなじみの、恐怖の館だよ。まずはアイマスクをしてね。アイマスクってなんか……ッエロいよね！

（アイマスクをし、暗闇の中に立たされて何かをされるも視聴者にも何も見えない）

花澤　何？　何？　怖いっ！　やだやだ何!!　なんかべちょってきたんだけど！　いやーーー！

（ブースが明るくなり、席に戻された花澤）

坂本　感想をください。

花澤　感想とかないよ！　なんか変なの触られたし、もさもさするし、よくわかりません！

ピコーン！

花澤　ここで!?

芋子　誰かからお祝いの言葉が届いたみたいだよ。いもーん。

（佐藤利奈からのメッセージ動画）

佐藤　香菜ちゃん、お誕生日おめでとうございまーす。早いね！　もうお酒を飲める年齢になりますか。今度『狂乱家族日記』のメンバーで香菜ちゃんのバースデーパーティーやりたいなと思っているので、楽しみにしていてください。先輩からメッセージを、ということで……えーそうですねえ。**酒は飲んでも飲まれるな。**でもまだ若いから、飲まれればいいと思う（笑）。そんなわけで、誕生日会しましょう。おめでとう！

花澤　同じこと言ってる……（笑）!!

以下、浅沼晋太郎、小林治監督、平池芳正監督、山本寛監督という顔ぶれからメッセージ。

（突然流れる切羽つまった音楽）

芋子　うちの友達が檻の中に閉じ込められて、海に流されそうだよ！　ねえ香菜ちゃん、お願いだから助け出してあげてぇ！　というわけで「干し芋危機一発」！　対戦相手は、このテーマパーク1の天邪鬼、干し芋Aさん。香菜ちゃん、その剣を手にとって、樽を……突いてぇぇ！

花澤　あ……はい。

（以下、ブースの中で坂本と交互にモクモクと「黒ひげ危機一発」をやり続ける）

花澤　これ……見てて楽しいのかな（笑）？

（花澤の最後の一突きまで黒ひげが飛び出さないという無駄なミラクル展開が）

花澤　いえーい。

芋子　香菜ちゃん、友達のために一生懸命になってくれてありがッ……ありがとう！　香菜ちゃんは優しいなぁ！　あ、最後のお祝いコメントが届いたみたいだよ。

（地井武男からのメッセージ動画）

花澤　え、えええええ!?

地井　えー、花澤香菜さん。お誕生日おめでとうございます。まだ直接お会いしたことはないんですが、いろいろ聞いたところによると『ちい散歩』の大ファンだそうで。ありがとうございます。2月25日に20歳になられるそうで、まあ先輩というか、おじいちゃんからの一言だと思っていただきたいんですが、私は俳優という仕事をしてきて、大事なことは何かなとこの歳になって思うのは、多くの経験かなと。それは見る、聞くも含めて、目に焼き付けるとか話を聞くとか、体で覚えるとか、そんな経験の多さが表現力の幅になるように思っていますので、20歳ということを契機に多くの豊かな経験をしていって、それを土台にしていい声優さん、女優さんになっていただきたいと。人生ずーっと、我々の仕事は勉強ですから。どんどん頑張っていただきたいと思います。

（『ちい散歩』のストラップと本のプレゼントが）

花澤　サインが書いてある！　すごい！　ありがとうございます……！　頑張ります私、自力で会えるように。

芋子　香菜ちゃん～よかったね。私はここまでしかいられないから……あ、やだ。香菜ちゃん泣かないでよ！　こっちまで泣けてくるから。また遊んでね。プライベートでも♡

花澤　もー中尾さん（笑）、素敵すぎます！　キャラの方向性がどんどん開拓されてる。正直、戸松（遥）の誕生日パーティーのとき[※1]に「番組スタッフはどんだけ戸松が好きなんだ」と思ってしまったんですけど。こんなにお祝いしていただいてありがとうございます。みんな、好きだぜ！

※1
'09年2月4日の放送で、本人不在のまま番組内で戸松遥の生誕祭が催された。花澤は内緒で募集されたリスナーからの戸松遥へのお祝いメッセージを次々読まされるハメに。

『ひとかな』といえば？

やっぱり 誕生日SP かな？

花澤の誕生日2月25日周辺で放送される誕生日SP。
豪華ゲストから番組ならではの斜め上のサプライズまで、
毎年、何かが起こる企画から見どころをピックアップ。

ドイツ村年間パスポートをゲット。

第4回2008年2月20日

花澤　「花澤香菜バースデーだからって無条件でプレゼントもらえると思うなよスペシャル」。ということで、プレゼントをもらうためには、いろいろと頑張らなきゃいけないそうです。「プレゼントは自転車セット、忍者セット、セレブセット、ドイツセットの4つ。中身はクリアしたら確認することができます。最初のチャレンジは、『くるくる回せよ19秒！』[※1]このチャレンジでゲットできるのは、自転車セット。これから大好きなＰｅｒｆｕｍｅの曲が流れてくるので、曲を見事19秒でストップさせることができたらクリアです」。

なるほど。では、音楽スタート！

♪～（『チョコレイト・ディスコ』**が流れる**）

ストップ！　**結果は……17秒だって！**　あ、自転車セット没収された！　中身は一体何だったのでしょうか。

「続いてのチャレンジは『閃光一閃19センチ』。このチャレンジでゲットできるのは忍者セット。忍者のように正確に目測19センチでパンを切れたらクリアです。パンは3本用意してあるので3回挑戦することができます」。

19センチって微妙だな。この辺からいくかな。シャキーン！　あーパン美味しそう。**結果は……7・5センチ？**　10センチってそんなにデカいの。では2本目いきます。んーここ！

結果は……19センチだった！　ジャストだって。ということで、忍者セットゲットしました。すでに刀がちょっと見えてるんですけど……あ、**折り紙で作った手裏剣**が入ってるよ？　忍者セットは刀と手裏剣だって。**うん、嬉しいかも。**　刀はどうやって使うんですかね。肩にかける？　**次**

※1　花澤が19歳の誕生日であることにかけて、以降も19の数字がチャレンジ内容に盛り込まれた。

回からこれで文化放送に来てもいいですか？ 止められますか、そうですか。**今、肩にかけましたが忍者っぽい。シャキーン！** ……バカか。

「続いてのチャレンジは『応答せよ、No．19』。このチャレンジでゲットできるのはセレブセット。私の携帯電話のNo．19に登録されている人を的中させることができたらクリアです」。

19番目って結構身近な人のはずだよね。誰だろう、大学の友達かな？ じゃあエミリで。正解は……『ぽてまよ』のプロデューサーさんだ。プロデューサーさんに一言。**「はにぃ」**。セレブセットが何だったのか気になるね。では次が最後のチャレンジとなってしまいました。

「最後のチャレンジは、『叩き落とせよ19個』。このチャレンジでゲットできるのは、ドイツセット。19秒間に飛んでくるボールを19個以上叩き落とせたらクリアです」。

運動神経が試されますね。ではスタート！

（ボールと格闘するドタバタ音）

終了です。**結果、叩き落とした数は21個！** やったー！ ドイツセット開けていいですか？ フォーク。これでソーセージを食べろと。次は……何これ重い……ジョッキ！ これは大人になるまで温存しておきます。あとは……封筒が入ってる。え、**東京ドイツ村入園年間パスポート引き替え券**[※2]**!?** 嬉しい！ 年間パスポートって、1年で何回も行っていいってことですよね？ **練り歩けるじゃん！**

そして逃したプレゼントに1回だけ再チャレンジする権利をもらいました。じゃあセレブセットが欲しいので、（再チャレンジ内容は何でもOKということで）Perfumeに再チャレンジしてもいいでしょうか？ では音楽スタート！

♪～（『チョコレイト・ディスコ』が流れる）

ストップ！ **結果は……19秒！** 今日ついてるかも。セレブセット開けますね。……あ、**バルサミコ酢入ってるー！ 今日鞄の中に入れたら、すでに帰りはセレブですね。** そしてファーをもらいました[※3]。ちょっとチクチクしますね。ふぁっさ～。バルサミコ酢。すげえ嬉しい。

※2　このときゲットしたチケットを使って、'09年4月15日に東京ドイツ村ロケ回が放送される。

※3　花澤は以前から大人の女性の象徴としてファーをふぁっさふぁっささせていることを挙げていた。（P21）

竹達彩奈と相思相愛に。

第82回2011年2月16日
ゲスト：竹達彩奈

竹達 「バースデープレゼント争奪！ 竹達彩奈クイズ」！ 問題は5問あり、1問間違えるごとにプレゼントのグレードがダウンします。全問正解すると、オリンパスのデジタル一眼カメラ「PEN」をプレゼント。これ私が欲しいわ。
花澤 あやちのことをどれだけ知ってるか試されるクイズなのね。
竹達 そうそう。香菜ちゃん最近、私の話題をこの番組で出してくれてるらしいじゃない！ それだけ愛を注いでくれてるってことは、全問正解して当たり前だよね！ というわけで第1問、竹達彩奈が好きな色は何色でしょう？
花澤 **え？ わかんない！**
竹達 わかんないとかおかしいだろ！
花澤 ……ピンク？ （ピンポンピンポン）
竹達 おめでとう！ よくわかったね。
花澤 ピンク似合うなって思ったんだ。
竹達 ていうか、知らないことがショックなんだけど。**私への愛情は何だったのよ……。**
花澤 ではここでふつおた読みますね。

22歳の誕生日おめでとうございます。（中略）今後の抱負をぜひ表明してください。（中略）追伸、竹達氏のブログで「香菜ちゃんレポートです。放送前の竹達氏のブログで「香菜ちゃんに会えるだけで幸せ」発言がありましたよ。相思相愛ですね。（さらばだサラダバー）

花澤 何これ？ あやち何これ!?
竹達 **チクるな！ 恥ずかしいだろ！**
花澤 帰って確認したらメールするから。
竹達 私の心の声を暴露しないで！ 私ゲスト

なのに**何でこんな辱めを受けてるの？**

花澤　（笑）。それで、22歳になって社会人になるということで、いろいろ一新したんですよ。

竹達　何変えたの？

花澤　携帯変えた。

竹達　そう！　私と同じメーカーの機種なんだよね。それを見て、また嬉しくなってしまったんですよね。えへへ。

花澤　かわいすぎる！　毎回いてくれないかな。

竹達　じゃあ、また来週も来るよ。

花澤　番組の予算が尽きそうな気もしますけど。

竹達　**ノーギャラでいいです。**

花澤　言ったな？　携帯のほかにもいろいろ新しくしまして、心機一転、社会人としてさっぱり進んでいこうかと。**料理とかもしちゃってね。**

竹達　料理できるの？

花澤　で、できるよ？

竹達　じゃあ今度香菜ちゃん家行くわ。

・・・

竹達　それでは最後、竹達彩奈クイズ第5問。竹達彩奈が香菜ちゃんの一番尊敬する部分は？

花澤　え？　わかんないよ。えーっとえーっと……あれだ！　**クールなところ！**　（ブー）

竹達　花澤さん自分のことクールだと思ってるの？　そっちの方にびっくりなんだけど。

花澤　だってさっきクールって言ってくれたじゃん！　私言われたらその気になるんだから！

……**こんなに取り乱してる人がさ、クールとかふざけんなって感じだよね。**

竹達　序盤から崩れ落ちてるよ。ちなみに正解は真面目に仕事に取り組むところ。

花澤　真面目な答えしやがって。

竹達　私は一応後輩なので、香菜ちゃんが一生懸命仕事してるところを見て、やっぱりすごいなと思い、**いつも尊敬しているのでありました。**

花澤　ありがとう。嬉しいんだけど、複雑だね。

竹達　クイズを終えて**5問中2問正解**しましたが、プレゼントは何だったのでしょうか？　なんと、**富士フイルム「写ルンです」です。**

花澤　……自分で買えるわ！

唯ちゃんに花澤の理性が崩壊。

花澤　もう近況トークとかいらないから、早速ゲストに登場してもらいましょう。

小倉　花澤さーん、お誕生日おめでとー！　呼んでいただいてありがとうございます。

花澤　なんか変なTシャツ着てない？

小倉　収録に来られなかった作家さんから、花澤さんへのプレゼントだそうです。

花澤　なるほど。それを唯ちゃんが着て登場してくれたわけなんですね。何て書いてあるの？

小倉　**「ドM」って書いてあります。**

花澤　唯ちゃんに何着せてんのよ！

小倉　花澤さんへのプレゼントなので、パジャマにでもして着てください。

花澤　**着るわ。**そして唯ちゃん。すごい気になるのが、**首にリボンが。**

小倉　リボンをかけてます。**花澤さんの要望だと聞いたんですが、どういうことですか？**

花澤　「誕生日プレゼント何がいいですか？」って聞かれて、ふざけて「小倉 唯ちゃんにリボンつけて『私が誕生日プレゼントです』って言ってくれたら嬉しいな」なんて言ってみたら。

小倉　**じゃあ私がプレゼントってことで。**

花澤　ぎゃー！　ありがとう。そして、唯ちゃんにいつまでこのTシャツ着せてるんだって話ですね。ではちょっと脱いじゃって……**このやり取りダメな気がするんだけど、大丈夫かな？**

小倉　（脱ぐ）

花澤　うわーっ！　唯ちゃん！

小倉　でも（Tシャツの）下は私服なので。

花澤　私、**顔真っ赤になっちゃった。**リボンも外して……はい、普通の唯ちゃんに戻りました。

小倉　Tシャツここに置いておきます。

第135回2013年2月27日
ゲスト：小倉 唯

【リスナーの推薦コメント】

僕は13年に放送されたゲストに「小倉 唯」さんが出演された回がとても印象に残っています!!!!

この放送回の直前は香菜さんの誕生日ということもあり、唯ちゃんは「リボン」で巻かれた状態で登場し、唯ちゃんの「私からの誕生日プレゼントは私自身です!!」という〝あざとさMAX〟の発言に香菜さんが「唯ちゃーーーーーん!!!」と、興奮を抑えきれずに叫びだすくだりが、たびたび夢の中に出てくるほど印象に残っています!!（カンパン大将）

花澤　着ていいかな？ ユニフォーム交換的な。**坂本さんもいい仕事するね。** ではふつおたです。

香菜ちゃん、唯ちゃん、「アッー！」。唯ちゃんは香菜さんと仕事で一緒になることがあると思いますが、太ももをスリスリされるなど、これだけはやめてほしいということはありますか？（フルオラス）

花澤　だってさ。**嫌なこととかないよね？**

小倉　私、本気で嫌じゃないです。全然。**もう受身の態勢なんで。**

花澤　よかった！　じゃあ大丈夫だね。**脚スリスリしても、頭なでなでしても。**

小倉　全然。でも仕事場ではお姉さんとして、本当に優しくしてくれるので、**さっきジングル**[※1]**を聴いて、びっくりしちゃったんですよ。**

花澤　あれ唯ちゃんの前では流してほしくないって言ってたんだけど、なぜだろうね？

小倉　でも嬉しいです。

花澤　よかった。じゃあ次行きます。

花澤さんをとても尊敬して大好きな唯ちゃんですが、もし花澤さんが男の子だったら唯ちゃんは花澤さんと付き合いたいですか？（小倉 唯ちゃんと花澤さんの恋を見守る会会長）

小倉　**お付き合いしたいです。** 私、花澤さんのこと本当に好きなんです。声の仕事始めたばかりの頃から花澤さんと一緒になる機会が多くて。

花澤　『会長はメイド様！』とかね。その頃は唯ちゃん中学生だったんだよね。

小倉　その頃からいろいろ教えてくださったり、優しく気遣ってくれたりして。**私もこんなお姉さんになりたいな**っていつも思ってて。

花澤　きました！　生きててよかった！

小倉　本当に。だからもし男の子だったら、全然恋に落ちてるとか、あると思います。

花澤　……**最高の誕生日プレゼントですね！**

※1　過去の放送で花澤が発した小倉に対するコメント「唯ちゃん、ダメですはいちゃ。ストッキングなど。」が、この放送内のジングルとして何度も流れた。

花澤と日笠のパッションが溜まる。

第161回2014年2月26日
ゲスト:日笠陽子

日笠陽子を迎え、ケーキの代わりにパンでお祝いした25歳の誕生日回。後半は、花澤・日笠がCVで参加したゲーム※1から着想を得たコーナーをお送りしました。

花澤　「花澤パッション!!」のコーナー！　私をヒロインとした恋愛シミュレーションゲームを想定して、お題のシチュエーションに対してパッション（=ストレス）が溜まりそうな選択肢を考えてもらうという大喜利コーナーです。まずは前回出していたお題を振り返りましょう。

「僕の名前はイモオ。（中略）突然の雨、下校時たまたま折りたたみ傘を持っていた僕は帰宅するため下駄箱へと向かった。するとソワソワしながら外を眺めている女子を発見。あれは……僕がひそかに思いを寄せる花澤さんだ！　これは声をかけるチャンス！（後略）」

そして、選択肢が①何も言わず傘を渡して自分は走って帰る、②「入っていく?」と言って相合傘をして帰る、そして**③に入る程よい解答を募集**していました。それではどんな選択肢が届いてるのでしょうか。3つ目の選択肢とは！

傘を渡そうとするが、開いたときに風で傘が飛ばされる。（スターブライトディスティネーション）

日笠　**誰のせいでもないから余計に気まずい。**

花澤　そこから2人で鞄を頭にのっけながら走るみたいなイベント発生できるよ！

日笠　なるほどね。でも傘は壊れてどこかに、川の方に落ちたんでしょ。**日笠だけに、傘壊れち**

※1　PS3／PSVita用ソフト『IS〈インフィニット・ストラトス〉2 イグニッション・ハーツ』のこと。ゲームの中で主人公がヒロインたちとの会話で唐変木な態度をとるとストレスポイントがUPするという「パッションイベント」があり、今回のコーナーはそのゲームシステムをアレンジしたものだった。

ゃうとか言われると切なくなるわ。

花澤　……そうだね。これはひよっちがいるからナシかな。じゃあ次、３つ目の選択肢とは！

「相合傘はまずいよね」と言って花澤さんに傘を持たせ、自分は花澤さんを肩車する。

（トーテムポールが俺の顔）

花澤　……おかしくない、それ⁉　**「そのあとパンチライベントが発生」って書いてあるけど。**

日笠　「うん。じゃお願い、肩車して！」って言う花澤も花澤だよ！　**校内で噂になるどころの話じゃないよね。**

花澤　おかしすぎるでしょ。不思議すぎる。

日笠　でも面白い。想像しただけで笑えます。

花澤　じゃあ次！　３つ目の選択肢とは！

傘を花澤さんに渡した後、自分は迎えに来たリムジンで帰る。（たまご）

日笠　ムカツクー！　迎えが来るならそもそも傘持ってくるなよ。**10円キズつけちゃうぞ！**

花澤　ダメダメ（笑）。これはイラっとするね。

日笠　**パッションだよね。**

花澤　最後、３つ目のパッション選択肢とは！

キョロキョロ見渡し、「君が一番マシだから、傘貸してあげるよ」。（テツ&ユノ）

花澤　マシ⁉　**モノローグでさんざん私のこと好きって言っていたのに、マシ？**

日笠　ツンデレなのかな？

花澤　本当に。さて、出そろいましたが。程よい選択肢をここから選ぶんだよ？

日笠　リムジンはすごいイラっとしたな。**パッションゲージ飛び出しちゃう。**

花澤　（笑）。相合傘も好きだけどね。

日笠　肩車ね。程よいストレスだと思う。

花澤　**笑えるしね。**じゃあ肩車に決定です！　おめでとうございます。

久野美咲の花澤語りに感動。

第223回2016年2月25日
ゲスト：久野美咲

花澤　今日は我が妹、久野美咲ちゃんがゲストです。私の人生には欠かせない人物で、一昨日も長電話しました。
久野　お誕生日おめでとうございます！
花澤　嬉しい、ありがとう！　実はプライベートではよく会っているんだよね。
久野　お仕事よりも（笑）。
花澤　久野ちゃんが来るって言ったらね、メールもいっぱい来たので。ちょっと読ませていただきたいと思います。

お2人が所属する大沢事務所には、男の僕でも憧れるお姉さまがたくさんいますが、久野ちゃんが思う〝香菜お姉さま〟の魅力を教えてください。（スミノリ）

花澤　いいお便りですね。久野ちゃんは井口裕香ちゃんの番組にゲストで出たんだよね。
久野　そうなんです、去年の年末に。
花澤　そこで井口裕香ちゃんから「**香菜ちゃんと久野ちゃんは似ている、姉妹みたいだ**」と言ってもらってね。「ちょっと嬉しかったです」ってメールが久野ちゃんから来て。
久野　言っちゃうんですか、恥ずかしい！
花澤　その日1日にやけっぱなしだよね。そのメール見たくて**何回もガラケーをパタパタしたよね。**……それで私の魅力だけど。
久野　あれですよね。やっぱ**違いますよね。**
花澤　違う⁉
久野　表現力が違うんですよ。一つひとつのセリフがお腹の底から、心のすごく柔らかい部分を通過したように、下からこみあげてきたように

【リスナーの推薦コメント】

私が選ぶ名場面は久野美咲さんが初めてゲストに来た回です。

花澤さんと久野さんがお互いに支え合っている素晴らしい関係にもらい泣きしてしまいました。

2回目に来られたときには久野さんの口調が花澤さんに似ていて微笑ましかったです。

（ててて）

ポンッて口から出てくる。大勢のキャストさんがいる中でも、やっぱり**花澤さんのセリフはいい意味で異質で、存在感がある。**

花澤　うわーい！　うわーい！

久野　あと一番は人間的に本当に、本当に優しくって。私あんまり自分のこと話すのは得意じゃないのに、本当にたくさんお話……（泣）。

花澤　泣かないでよ‼　私も泣いちゃうじゃん。

久野　苦しいときに……何度も助けてもらって。あとちょっと体調悪かったときに、花澤さんが電話をくれたんです。それがすごく嬉しくて。とにかく優しくて思いやりのある……。

花澤　それは久野ちゃんにそのままお返ししますよ。私だってどれだけ癒やされているか（泣）。……**『ひとかな』で泣いたの初めてなんだけど。**

久野　人前では本当に泣かないんですけど、なぜか花澤さんの前では泣いちゃうんですよね。

花澤　なんか……**今日、最終回みたい。**

・・・

花澤　さて、レギュラーコーナーにもお付き合いいただくそうです。行くよ！　私、花澤！

久野　私、久野！

花澤＆久野　潤ちゃん〜！

花澤　ていうかさ、「久野潤ちゃんのコーナー」でメール募集してたでしょ？　勝手にしないでよ……メールいっぱい来ちゃってるじゃん。

私はかつてバレンティンに場外へ運ばれてしまったホームランボールです。（中略）彼の力強いバットの感触が忘れられません。（中略）どうか潤ちゃんの言葉の暴力で、この薄汚いホームランボールをメッタ打ちにしてくれませんか？（こおろぎ）

花澤　私がセリフを考えて久野ちゃんに言わせればいいのかな。では久野ちゃん。これを言ってみてください。

久野　「**いい加減にしろや、このドMが！**」

花澤　ははははは（笑）！　もう**バレンティンに打たれたよりもさらにいい気持ちがするよ。**

ピラティス仲間に「食べる瞑想」伝授。

第431回2020年2月20日
ゲスト：黒沢ともよ・Wakana

花澤のピラティス仲間・黒沢と、2人のピラティスの先生・Wakanaをゲストに、女子トークが弾みました。

花澤 じゃあふつおたをワカちゃん読んで。

Wakana ひとかなネームスミノリさんからいただきました。……待って。スミノリさんはさ、香菜ちゃんに読んでほしいんじゃないの？

ともよちゃんは姉のように慕っている声優さんがたくさんいると思いますが、その中でも香菜ちゃんはどんなタイプのお姉さんですか？（スミノリ）

花澤 我らがどんなお姉さんか？

Wakana 私も入れてもらっていいの？

黒沢 いいものをいっぱい知ってるお姉さんが香菜ちゃんで、ご機嫌なのがワカちゃん。体のことはワカちゃんに聞くけど。身に付けるものを選んだり、わからないことがあったりしたときは香菜ちゃんに聞くかな。香菜ちゃんはいろんなものにトライして、何がいい、これが悪いっていうのがわかってる。

花澤 私はラジオから吸収してるんですよ。ラジオって好きなものやハマったものをすごい熱量でしゃべる人たちが出てくるから面白いのよね。それなら私もやってみようと思うんです。

Wakana ともよちゃんはエネルギーの塊だよね。

花澤 3人で焼き芋のフェスに行ったときも、**焼き芋屋さんのテーマソングで踊ってた**よね。

黒沢 焼き芋ソングの**PV作らなきゃなと思っ**

て。次の香菜ちゃんのアルバムのタイトルは『スイートポテイトウズ』だからね？

花澤　アルバムのタイトルになっちゃったら、全曲そのテイストで作らなきゃダメじゃん。もうパンの歌と肉の歌はあるので。

黒沢　**いつかコースができちゃうかもしれない。**

花澤　実は今日**みんなで「パン吸い」をやろうかと、**パンを買ってきました！（ガサガサ）まずは焼きたてのフリュイセック。ベリーや柑橘、ナッツが混ざってるハード系のパンですね。じゃあ**ひと吸いしますか。**せーの！

一同　あぁー！

黒沢　クリスマスの匂いがする。

Wakana　イギリスのいいお家の匂い。

花澤　ドライフルーツとスパイスが入って、シュトーレン的な感じがするよね。スゥーっ！

Wakana　香菜ちゃんの深呼吸が凄まじい（笑）。これは本当に**食べる瞑想だね。**

花澤　次はメロンパンです。しかも柚子が入ってるんです。このさ、あーもう嗅いじゃった！

黒沢　フライングした！　**みんなで嗅ごうって言ったのに。**

花澤　ごめんごめん。この焼きたてクッキーの香りとパンの香りが混ざるのがやっぱメロンパンの特徴ですよね。最高です。まずは好きな部分を嗅ぎます。せーの！

一同　わーっ！（爆笑）

Wakana　**絶対今幸せホルモンが出てる。**

黒沢　幸せの匂いがする。食べたい。

花澤　食べましょう。私はやっぱり端っこのすんごいメロン生地がついてるところが好き。

黒沢　ガリッとするやつね。どんどん食べられちゃうね。**メロンパンナちゃんになれそう。**

花澤　普通のメロンパンもいいけど中に……えー時間!?　嘘でしょ!?　最後食パンだけいい？

黒沢　これどうやって吸うの？

花澤　これは1斤ご用意していただいて、この割れ目から手でサクっと割るんです。せーの！

一同　ワーッ！（爆笑）

Wakana　映像でお届けしたかったね。

〝三十路の露天風呂〟の需要は？

第380回2019年2月28日
第381回2019年3月7日

花澤　番組収録が始まってからずっと私の前に茶封筒が置いてあるんですが。どうしよう、作家交代とか嫌ですよ！（封を開ける）お手紙だ！

「花澤香菜さま。こんばんは。作家の坂本です。今回は、10代の頃から一緒に『ひとかな』をやってきた花澤さんの30歳の記念すべきバースデー回に不在という残念な結果になってしまったこと、誠に痛恨の極みでございます。（中略）せめて置き土産にと、**現金10万円を茶封筒に同封しておきました**ので、どうぞ番組を盛り上げるためにご利用ください。もちろん坂本の自腹でございますので、どうか領収書だけは！　絶対にもらっておいてくださいね。それでは三十路の花澤さんに幸あらんことを」

ありがとー坂本さん！　うわーピンサツ！　何に使おうね～？　10万円あったらいろいろできますよ。私、物欲があまりないので、ものよりはプライスレスなもの。旅はどうですか？　香川は、（久保Dの）ご実家があるじゃないですか。ご挨拶行かないと。あ、箱根だったら1泊してお酒飲みながら番組収録もできるね。露天風呂とかもいいよ！（久保Dから「いらない」の声）いらないの⁉　三十路の露天風呂？　**はあ～たいしたもんだねえ。**

・・・

翌3月7日の放送で、「忙しいであろう花澤さんの代わりに」敢行された久保Dによる単身香川案内ロケの模様を放送。丸亀城、観音寺、高知城などをめぐり、お土産もゲット。1万3700円が坂本へのおつりとして残されました。

『ひとかな』といえば？

やっぱり クリスマス会 かな？

戸松遥、矢作紗友里をゲストに迎え、番組放送開始年から
16年連続動画放送にて行われているクリスマス会。
「これを見ないと年が越せない」恒例行事を、プレイバック！

本家からの「トゥル〜♪」指南。

第26回 2008年12月24日

花澤　懺悔なさい！　されば救われる。「花澤ざんげちゃんの部屋」[※1]。では、目の前にいる2人。リスナーさんから届いた懺悔を読んでください。
矢作　命令か！
花澤　「欧米か！」みたいに言われた（笑）。
矢作　はい。いい旅芋気分さんからいただきました。「今年の夏、急な雨で、会社の置き傘を毎日勝手に借りて家に帰ったまま、いまだに会社に返してないです、すいません」だそうです。
花澤　あるある。
矢作　そういう持っていき方〜？
花澤　悪いですね、それは。
戸松　180度変わってるじゃん！　花澤さん、支離滅裂なんですけど……。
花澤　聞いたから100円をください。
矢作　何なの、この人!?　読んだ私が払うの？
花澤　そうです。リスナーさんがここに来れないからね、矢作さんが払うんです。
矢作　何、子を諭すような言い方しちゃって！
戸松　つい払いたくなってしまうね。
矢作　クソ……。（100円を入れる）
戸松　私も自腹をはたいて読ませていただきますよ。タロイモ18歳さんからです。「戸松さんの持ちネタの『トゥル〜♪』を知らない人に、あたかも自分のネタのように使ってました。すみません。まぁまぁな評判でした。あざっした！」
花澤　お礼言ってますよ、最後。あざっしたって。「トゥル〜♪」は、何パターンあるんだっけ？
戸松　大まかに分けると3パターン。公には「トゥル〜♪」しか出してません。あとは壁からのぞくやつと、倒れてる死体のやつ。壁からのぞいてるのは、犯人役のときに使う。

※1　TVアニメ『かんなぎ』で花澤が演じたキャラクター「ざんげちゃん」が元ネタ。人々の懺悔を1回100円で聞くというキャラ設定から、リスナーの懺悔を1回聞くごとに花澤が100円を募金するコーナーに。

矢作 それ、どんな感じだったっけ？
戸松 ♪トゥルルル～↑
矢作 死体があってキャーってなるやつは？
戸松 ♪トゥルルル～↓
花澤&矢作 （爆笑）。
戸松 もうね、中途半端な気持ちでやっちゃいけない。**心も体もSEになってもらわないと。**
花澤 なるほど、難しい。ということで、100円をいただきたいと思います。
戸松 私が？ はい。（しぶしぶ入れる）
矢作 聞いているだけなのにさ、**特に何かありがたい言葉があるわけでもなく……。**
花澤 私の力で、聞いているうちに浄化されていってるんですよ。その邪悪な心がね。
戸松 **何様だ？ 君は何様だ？**
花澤 じゃあ次、戸松さん。
戸松 ドムドムアッカイさんからです。「僕の懺悔は『ひとかな』の公録と戸松さんのCD発売記念スペシャルライブを天秤にかけて、戸松さんのイベントを優先したことです。許してください」
花澤 **許さねぇかんな～。**
戸松&矢作 （爆笑）。
戸松 ありがとうございます。嬉しいです。
花澤 日程、被る方が悪いんだよ。おかしくない？
花澤 私もっと前から決まっていたもん!!
矢作 喧嘩すんなよ～。ほら、100円あげるんだから許してやんなよ。
花澤 100円じゃ許されない……。文化放送にドムドムアッカイさん来てもらわないと。
矢作 呼び出しくらってますけど。
戸松 超怖～い！
花澤 ……じゃあ私が懺悔をしてもいいですか？
戸松&矢作 あぁ、そうだ！ そうだよ!!
花澤 懺悔します。今日、入り時間を13時だと思って、12時半に着くように来ました。そしたら入りは12時だったので、遅刻になってしまいました。皆さん、ごめんなさい。
戸松 超待ったよね！
矢作 私たちゲストなんですけど～。
花澤 ごめんなさい、**100円で許してください。**

アイドル声優が本気を見せた〝戸祭り〟。

第130回2012年12月19日

'12年クリスマス会は「私、花澤潤ちゃん」のコーナーで締めに。'11年は矢作がくじを引き続けたため、次は戸松のターンが続く〝戸祭り〟が期待されましたが、果たして？

花澤 ではさっそくメッセージを紹介します。

（前略）そういえば潤さんは、スカイツリー開業の日、スカイツリーの下で『スカイツリイイィ！』という一発芸を披露していましたね。体全体を使った一発芸かっこよかったです。'12年の締めとして、ぜひもう一度一発芸を披露してください。（女王の騎士）

花澤　これ戸松の得意分野だよね？

戸松　避雷針のアレンジバージョンみたいな。[※1]

一同 せーの、じゃん！（くじを引く）すごい!!

戸祭り来た〜！

戸松 私もプライベートでスカイツリー行きましたよ。すごい高さだった。まるでね、**「スカイツリー、スカイツリー、スカイツリイイィィ!!!」**（サンタ帽を使って表現）こんな感じでした。……私、戸松潤ちゃーん！

花澤 すごいよ戸松！　映像を駆使していた。

戸松 今日この帽子見たとき**「めっちゃスカイツリー」って思ったの。キタよね。**

おめでとうございます！　クリスマスに『潤プラス３Ｄ』が発売されるそうですね。情報によると、世の男性がキュンキュンする愛の告白があるそうですね。よかったら、

※1　'10年12月22日のクリスマス会の同コーナーで、戸松が避雷針のモノマネを披露。

ちょっと聞かせてもらえませんか？　潤さんお願いします。（マメなマント）

花澤　『ラブプラス』[※2]みたいなゲームで「潤プラス」というね。いやあ、これは**世の人たちをキュンキュンさせなきゃいけませんよ。**

一同　せーの！（くじを引く）

花澤　戸松に～キタコレ、やったね！　世の男性がキュンキュンする愛の告白。お願いします。

戸松　そうそう「潤プラス」ですよ。タッチパネルでこう頭を……（頭を押さえながら）。**「くすぐったいよ……！　こんなところに呼び出して何？　呼び出したのは私だった。実は、私、あなたのことがずっと……くすぐったいよ。ずーっとずーっと好きだったの。だから私と……くすぐったいよ！」**私、戸松潤ちゃーん！

矢作　そんなにくすぐったかったの？　**そんなに告白中にツンツンされたの？**

戸松　**タッチパネルでツンツンされてたの。**

花澤　それが気になって告白聞けなかったよね。

次行きます。

ゲーム『とびだせ花澤の森』の中で、**幻の魚〝ハナザワ〟が釣れたときの活きのよすぎるハナザワのポーズ**を見せてください。（みやなんとか）

一同　せーの！（くじを引く）

戸松　（連続当選で）ちょっと待ってよ～！

矢作　何かが起きてる！　せっかく（プレゼントで『どうぶつの森』のソフトを）もらったしね。

戸松　活かしてね。……ハナザワが釣れました。**「クックックックックックッ。ヒット、ヒットヒット！　ウェエエイ、ウェエエイ！　ハナ、ハナザーワ。チチチチチチチチチチチ。モフモフモフモフ、モフモフモフモフ。ウェエエイ！」**私!?　戸松潤ちゃーん！

花澤　**鼻水出てきた……。**

矢作　**おいスフィア、大丈夫？**

※2
ニンテンドーDS向けに発売された恋愛シミュレーションゲーム。タッチパネルやマイクなど、ゲーム機本体の機能を活かしてキャラクターとコミュニケーションをとれる演出が当時画期的だった。

プロによるガチCMコンテスト。

第156回2013年12月18日

花澤　「恋するCMコンテスト」！　'13年12月25日発売のシングル『恋する惑星』の20秒CMナレーション原稿をリスナーさんから募集したので、2人にも原稿を読んでもらおうと思って。**コーラ飲んだね。これ、ギャラなんで。**

矢作　**すごい飲んじゃったわよ。**

戸松　もう半分以上ないんですけど。

花澤　強制参加ですよ。まずはどんな原稿が届いているのか、私が見本を見せますよ。ひとかなネームゆっきさんからいただきました。

「ダダンダッダダン、ダダンダッダダン。ついにあの天使が音楽界に帰ってきた。花澤香菜5thシングル『恋する惑星』'13年12月25日発売。あなたはこれを聞かずに年を越せるか？」

矢作　……いいの？

花澤　いいね。

矢作　**あなたご本人ですよね!?**　でもまぁ尺はぴったりでしたね。

花澤　私が読んだこのCMに対する判定は？

カーン

戸松　よし、私がいこう。ひとかなネームあの日受けた右ストレートを僕はまだ知らない花澤さんスタープラチナさんからです。

「昨年の4月、みんなが見上げた星空。その目的地に向けて歩みだした多くの恋人たちが紡いだ〝思い出〟。その中の、ひときわ輝く星の恋物語をひとつの歌に乗せて。花澤香菜5th（曲が終了してしまう）シングル『恋する惑星』12月25日発売。この日物語が、〝加速する！〟」

花澤 **ねぇ、尺がはみ出していたけど!?**

戸松 **早口で読んだんだけどね。**

矢作 採用されたらこれ流れちゃうんだよ？

戸松 日付漏れていたね。今回は**私の中でミュージカルチックに読みたいなって**思って。

花澤 えぇ……**声が不安定だったよね。**

戸松 真面目にやったよ！　抑揚を付けてね。**私のいろんな面を見せられればいいかと思ったんだけど、**はみ出ちゃった。

矢作 戸松さんのいろんなところよりも、**香菜ちゃんの曲の説明をきちんと聞かせないと！　香菜ちゃんの曲のCMだもの。**

戸松 じゃあ**矢作氏にお手本見せてもらわないと。**

矢作 頑張ります。ひとかなネームゆっきさんからいただきました。

「最近あなたは恋、していますか？　恋がしたいけど出会いがない！　……こうお嘆きのあなた。恋する惑星で新しい出会い、探してみませんか？　花澤香菜5thシングル『恋する惑星』'13年12月25日、聖なる夜に発売決定！」

戸松 入った！（拍手）

花澤 **本物な感じする！**（拍手）

矢作 ……一応、プロなんですけど。ごめんなさい、花澤さん。**花澤さんが大好きで「やらせてください」って来ちゃった素人……ではない。**

戸松 かっこいいギャップを見せてもらったね。**尺もぴったりだし。**

花澤 これ流してほしい。文章もすごくよくない!?

矢作 「あなたは恋、していますか？」って。私こういうの大好き。**「聖なる夜に発売決定」よ!?**

花澤 すごくいい！　どうですか？　スタッフさんに判断してもらいましょう。（合格音）

一同 きたー！（拍手）

花澤 すごくない!?　あざーす！　**これ流れたら私、CD売れる気がする。**

10周年記念も「指がうめぇ!」。

第319回2017年12月28日
文化放送メディアプラスホールにて
10周年記念公開収録

花澤 戸松さん。ここにね、**パーティーバーレル的なものがある**んですけれども。
戸松 でかい! 嬉しい、食べ放題じゃん!!
矢作 最初は戸松ちゃんに食べてもらわないと。
花澤 お願いします。……みんなしっかり目に焼き付けておくんだよ?
矢作 **顔気を付けて!!**
花澤 すっごい食べた! 口が衣だらけ!
矢作 **戸松さん、手にお肉が付いていらっしゃるんじゃないですか?**
花澤 付いているよー! **ハァ、ハァ!**
戸松 (指をなめて) ……**指がうめぇ!!**[※1]
(会場内で拍手が巻き起こる)
矢作 肉飛んできたんだけど。汚ねぇ(笑)。
戸松 **これで年が越せるわー。**
花澤 こうやってみんなでケンタッキーを食べることも、1年に1回しかないんだよね。
戸松 **やっぱこれじゃないと。**
花澤 続いては10周年のリバイバル企画として、「花澤ざんげちゃん」のコーナーをお届けします。
矢作 さっそくお手紙を読みますね。
彼女ができて初めてのクリスマスなのに、デートの予定はありません。懺悔します。
(黄色い魂)
(ここで会場に黄色い魂さんを発見。本人に直接ヒアリング)
花澤 まだ誘ってないってことですか? え、彼女、蒼井翔太くんのイベントに行く予定!?
戸松 この時期イベント多いから……。
花澤 **待ち構えてればいいじゃないですか。**ラ

※1 クリスマス会恒例の戸松の決め台詞。チキンを手づかみでむさぼり、指についた脂をなめ、サムズアップしながら「指がうめぇ!」と叫ぶまでがワンセット。

イブが終わった後の会場で。

矢作 翔太くんに浸ってるところに乱入!?

花澤 でも、会いたいよね？

戸松 そっか、黄色い魂さんは会いたいんだね。

矢作 **彼女は会いたくないみたいな言い方やめろ。**

戸松 **翔太くんのお面かぶって「だ〜れだ！」**とかどうかな。ちょっとしたサプライズに。

矢作 拡大コピーしよう！

花澤 では**コピー代ということで……。**（100円を入れる）

戸松 次、読みますよ？

サークルの先輩を好きになってしまったのですが、その人にもどうやら好きな人がいるようで、好きな人がいる人を好きになってしまいました。ごめんなさい。（ともよ）

矢作 いけんべ。

戸松 私がともよさんで、（矢作の肩に触れながら）好きな人だとするじゃん？

矢作 （手を振り払う）

戸松 **……え、どうした？**

矢作 **お前の手、チキン付いてるんだよ！** 気軽に触るんじゃねぇよ。

戸松 （花澤を指し）先輩。この（感情の）矢印をこっちに持ってくればいいだけだから。

花澤 どうやって持っていけばいいのかな？

戸松 **「指うまいですよ」とか。**

矢作 怖い怖い怖い……！

花澤 **絶対言っちゃダメだよね。**ともよさんは彼に好きな人がいることを知っているわけだから、その好きな人の話を聞いているうちに……。

矢作 応援している体からの……ってやつね。

戸松 「俺、ともよといると楽だわ〜」って。

花澤 それだ!! **〝俺ともよといると楽〟ポジションをまず確立すればいいんじゃないかな？**

戸松 上手くいきますように……。ともよちゃんのために500円くらい入れておこうよ!! **坂本さんのお金だし！**

11年の変化を振り返る。

第370回2018年12月20日

戸松　……寿司食べていい？（寿司を取る）
矢作　ねえ、（寿司が）ひっくり返ってるし（笑）。
戸松　食べていいよ。
矢作　戸松がひっくり返った寿司を私に寄こしてくるんだけど〜。
花澤　……お手紙読むよ？

第1回目のクリスマスから11年が経ちましたね。（中略）11年前といえば、戸松さん17歳、花澤さん18歳、矢作さん21歳の若手声優でしたが、もし当時の自分に声をかけるなら何を伝えますか？（もぎもぎ）

戸松　ちょっと待って！
花澤　**戸松さん17歳!?（笑）**
戸松　17歳だったの？
矢作　そんなわけないよ！
花澤　17歳だったわ。で、矢作さん21歳です。
戸松　あんた20代だったんだって。
矢作　いやいや、**私も数年前まで20代だったのよ。**
花澤　当時の自分に声をかけるなら？
矢作　もう本当に、『ひとかな』に出ていろいろやらされた結果……。
花澤　やらされた（笑）。
矢作　今の芸風につながったっていうこともありますので。**「どうしてくれるんだ」って。「ありがとう」って気持ちでいっぱいです。**
花澤　申し訳ないですね。本当にいろいろやっていただいてありがとうございます。
戸松　でもね、『ひとかな』のクリスマス会に出てから**事務所のルールが緩くなった。**
花澤　最初の頃、本当にマネージャーさんがこうやって（腕を組んで）見ていたからね。
戸松　「どこまでやらかすか！」っていうのをすごく見られてたんだけど……それを経てね、今はもう（NGが）ないもんね（笑）。
矢作　最初の頃は変顔もダメだったじゃん。
戸松　**だってアイドルだったもん。**
花澤&矢作　あははははは（笑）。
花澤　今もアイドルよ？　**ベテランアイドル。**
戸松　今も立派なアイドル。オレンジ担当。
花澤　オレンジそんなになっちゃうの（笑）。
矢作　**全国のオレンジに謝れよ**（笑）。
戸松　そう思うと、17歳なら**育て方さえ誤らなければ、今がこんな風じゃないかもしれない。**
矢作　誤った結果なんだね。
花澤　でも当時からちょいちょい片鱗は出ていたじゃない。
戸松　でも、もうちょっとマシだったよね。
花澤　ど、どうだろうな？　なんか**キャラクターがどんどん増えてる気がする**んだよね（笑）。
矢作　設定過多になっていっている。
戸松　香菜はさ、逆に……**すごいしっかりしたよね。**もっとさ「はなざわかなです」みたいな。
花澤　**そんなミニオンみたいな**（笑）。怖いよ。
矢作　**芋食ってもふもふとか言って。**[※1]不思議ちゃんウリだったじゃない。
花澤　**不思議ちゃんウリでした。**ウリっていうか実際そうだったもん。アレだったんですよ。ずーっと、ボーっとしていたの。
戸松　なんでそのボーっが晴れてきたの？　覚醒したの？　いつ覚醒したの？
花澤　いつからか「私このままじゃいけないんだな」って思えた（笑）。周りが少しずつ見えるようになって、後輩もできて**「そうだ、私はお姉さんにならねばいけないのだ」**って思ったの。
戸松　いけないのだ。
矢作　どっかのパパみたい。
花澤　だから、**当時の自分には「ボーっとするな！」って言いたい**（笑）。
戸松　この11年間で一番変わったのは香菜かもしれないね。

※1
番組放送開始当時、花澤はたびたび「干し芋愛」を語っていた。「もふもふ」は干し芋を食べたときの幸せを表現する擬音。（P18）

言語の壁を超えるポロ松。

第423回2019年12月26日

花澤　お手紙読みますね。

平成最後のクリスマス会では、香菜ちゃんは「中国語が上手くなりたい、来年のクリスマス会は中国語でポエムを詠む」。戸松さんは「ゴルフをやってみたい、〝ポロ戸松〟になる」。矢作さんは「健康第一！」と言っていましたが、どうでしたか？（いこる）

戸松　**中国語で今日のポエムやってよ。**

花澤　できないよー！　なかなかレッスンの時間が取れないし……。

矢作　でもちゃんと続けていて偉いよ。

戸松　中国語といえば私、今年お仕事で初めて北京に行って。そのときに「ひとりで買えるかな」っていうミッションを自分に課したの。

矢作　現地でひとりでお買い物するみたいな？

戸松　そう。それでピーチティーが買いたかったんだけど、メニューには日本にはないような漢字が5つくらい並んでいるわけ。それを何て読んでいいかわからなくて、とりあえず店員さんに「ピーチティー」って言ってみたんだけど通じなくて。どうしようって困って、**手でずっと桃を作ってた**（手で桃の形を作りながら）。

矢作　これ桃⁉（手で桃の形を作りながら）

花澤　怖い人だよ（笑）。それでどうしたの？

戸松　店員さんが勘でメニューを指差して「コレですか？」って。それを「もうちょっとこっち」とか言いながら誘導したの。**だからピーチティーを頼むときは桃のジェスチャーをする。**

花澤　だいぶ遠回りした気がするけど？「これ

です」が中国語で「ジャガ」。「あれ」が「ナガ」なので、**指差すだけで伝わるよ。**

戸松 これからは「ジャガ」と「ナガ」ね！

花澤 戸松さんは**ポロ松……。**「ポロ戸松」。

戸松 **どうも、ポロ松です。**

矢作 どういう意味だったんだっけ？

戸松 ゴルフはポロシャツが似合う、からポロシャツが似合う戸松になる、で「ポロ戸松」。

花澤 （笑）。矢作さんは「健康第一」でしたが。

矢作 10月ぐらいに咽頭炎をやりました。でも今年はそれだけ。10月までは健康だったの。

戸松 あとちょっとで目標達成だったのにね。

矢作 疲れが出てきたのかもしれないね。

戸松 ……（無言でターキーにかぶりつく）。

花澤 ……すごい食べ方。今年はどうですか？

戸松 **指がうめえ！**（サムズアップしながら）

花澤 出ました！ **今年も年越せますね。**

戸松 安定に指がうめえ。

矢作 よかった。**ありがとうございます。**

花澤 令和2年の目標……何か立てますか？

戸松 私、来年30歳になるんだけど、2人は20代から30代になって何か変わったことはある？

花澤 周りの見方とか接し方が少し変わった気がする。ちょっと雑にしてくれるというか。

戸松 20代はまだ女として見られてるからね。

花澤 矢作氏は30代になって変わったことは？

矢作 太ったなと思っても、20代はちょっとご飯調整したら痩せていたのがもう戻らない。

花澤 2人は体型の上下があまりない気がする。

戸松 **太るよ。人間だもの。**

矢作 背中に肉付くんだよね。

戸松 この仕事していると無意識に変な体勢で仕事しているときない？ 自分のクセみたいな。

花澤 そのコリが固まるとそのままお肉になるらしい。だからちゃんとストレッチしないと。

戸松 コリ知らずだったんだぜ12年前は。でもさ、**12年連続で映像付きの番組ってなかなかないよね。移り変わりがわかるよ。**

花澤 普段は聴いてないけど、**クリスマスだけ聴きに来る人もいるから続けていきたいね。**

既婚女子たちの料理事情。

第473回2020年12月24日

'20年、コロナ禍での開催となったクリスマス会は、自粛期間中の料理談義という、既婚女子らしい話題に華が咲きました。

花澤 次のお手紙いきますね。

'20年はおうちで過ごす時間が長かったので、超濃厚プリンを月イチのペースで作っていました。皆さんは今年頻繁に作った料理はありますか。（スフィ女のもぎもぎ）

戸松 へぇ〜偉いね。私はマジでスイーツ作らない人間なの。

花澤 面倒だよね。材料を揃えるのも大変だし。

矢作 お菓子は料理と違ってちゃんと量らなきゃいけないからね。

戸松 そうなの！ 量ることも面倒くさいけど、（コロナ禍で）時間ができたことで**クッキー作ってみたんだよね。**一番簡単なクッキーのレシピを調べたら結構材料がシンプルで。3つか4つで作れます、みたいな。分量も150グラムとかで、153みたいに細かくもなく……。

矢作 分量で153グラムって、そもそもレシピとしてそんなにないと思う（笑）。

戸松 ないかな（笑）？ 混ぜてオーブンに入れて焼いたらできるって言うから、「意外とこれなら私でも……！」と思って。でもできあがったらなんだか**セメントみたいな味がする**わけ。

花澤 ちゃんと砂糖とか入れた？

戸松 入れたのよ！

花澤 なんでセメントの味なの？

戸松 セメントだったのよ。**たまに甘い……。**

花澤 そもそも〝セメントの味〟って何？
戸松 本当に食感も。もう二度と作らない。
花澤 矢作さんが頻繁に作っている料理は何かありますか？
矢作 私は**ずっとスパイスカレーを作っていた。**
戸松 本格的！
矢作 でもスパイスカレーって簡単なんだよ。
花澤 え～？ 本当に⁇
矢作 ルーだといろいろ入っているけど、スパイスカレーなら小麦粉もいらないから。
戸松 スパイスを一からブレンドするんでしょ。
矢作 ブレンドっていうほどじゃなくて全部1対1でいいんだって。でも**簡単だから毎日のように作っていたら、**（家族が）**飽きたみたい**（笑）。
戸松 **食生活が極端**なんだよね。
矢作 ハマっちゃってさ（笑）。最近は鍋を織り交ぜている。
戸松 いいね、鍋の季節だね！ 香菜は何なのよ。
花澤 いやもう……ネットで調べたレシピばっかりですよ。
矢作 戸松さんは何作るの？
戸松 自負しているのは……**Butter Chicken Curry。**
花澤 戸松、発音いいんだよな～（笑）。バターチキンカレーは何が入っている？
戸松 ヨーグルトにチキンを漬け込む。
花澤 美味しそう。漬けると柔らかくなるよね。
戸松 あとは鍋が煮込んでくれるから。私は調味料を入れて、その後はずっと**「煮込まれ～」って思いながら見ている。**
矢作 煮込まれ……（笑）。（家族は）「美味しい」って言ってくれるの？
戸松 美味しいのは私も自負しているから「美味しくない？」って聞いちゃう。
矢作 圧がすごい（笑）。
戸松 **だから「美味しい」しか言えないよね。**
矢作 （笑）。まぁとにかく、それぞれお料理頑張りましょうね。
戸松 頑張ろう～。

歴代ジングルのこと。

番組内で差し込まれるジングルの多くが、
花澤さんの迷言を切り取ったもの。
知らない人には謎すぎる、名物ジングルを集めました。

「シュウォッチ逆道場破り」に登場した小倉 唯の「今度会うときは生足で行きます」の発言を受け、テンションが上がった花澤。実際に小倉へ伝えた言葉として明かす。

第110回2012年3月14日

**唯ちゃん、
ダメですはいちゃ。
ストッキングなど。**

**チャランチャンチャラン、
チャンラララララン、
チャラチャンチャラーーー！**

第79回2011年1月5日

「私、花澤海月ちゃん」コーナーで、地球にやってきた金星人の言葉として披露。その意味は「Yes we can！」だそう。

第100回2011年10月26日

**♪カエルぴょこぴょこみぴょこぴょこ、
君の滑舌悪いけど、別にそんなことは生活には
支障はないよ。声優にはならない方が
いいかもね。カエルぴょこぴょこ……。**

100回記念放送の「私、花澤潤ちゃん」コーナーで、「滑舌をテーマにした歌」というお題が。「私も滑舌いい方じゃないですが」と前置きしながらこの歌を披露。

第83回2011年3月2日

**♪コケコッコッコ！　僕を食べても
いいんだよ。チキンを食べられ
ないなんて、君こそチキンだよ。
コケコッコッココッコッコーーー！**

「私、花澤海月ちゃん」コーナーにて、鶏肉が苦手な人のために、鶏の気持ちを歌った歌『僕を食べてもいいんだよ』を披露。『キユーピー3分クッキング』の音楽にのせて。

お手数ですが
切手を
お貼りください

郵便はがき

150-8482

東京都渋谷区恵比寿4-4-9
えびす大黑ビル
ワニブックス書籍編集部

お買い求めいただいた本のタイトル

本書をお買い上げいただきまして、誠にありがとうございます。
本アンケートにお答えいただけたら幸いです。
ご返信いただいた方の中から、
抽選で毎月５名様に図書カード(500円分)をプレゼントします。

ご住所 〒 TEL(- -)	
(ふりがな) お名前	年齢 歳
ご職業	性別 男・女・無回答
いただいたご感想を、新聞広告などに匿名で使用してもよろしいですか？ (はい・いいえ)	

※ご記入いただいた「個人情報」は、許可なく他の目的で使用することはありません。
※いただいたご感想は、一部内容を改変させていただく可能性があります。

●この本をどこでお知りになりましたか?(複数回答可)

1.書店で実物を見て　2.知人にすすめられて
3.SNSで(Twitter:　Instagram:　その他　)
4.テレビで観た(番組名:　)
5.新聞広告(　新聞)　6.その他(　)

●購入された動機は何ですか?(複数回答可)

1.著者にひかれた　2.タイトルにひかれた
3.テーマに興味をもった　4.装丁・デザインにひかれた
5.その他(　)

●この本で特に良かったページはありますか?

[　]

●最近気になる人や話題はありますか?

[　]

●この本についてのご意見・ご感想をお書きください。

[　]

以上となります。ご協力ありがとうございました。

「もふもふ」から水着回誕生まで語ります。

『ひとかな』スタッフ座談会

立ち上げから番組に関わる構成作家坂本さん&ディレクター久保さん、歴代4人目のプロデューサー岡崎さん。『ひとかな』を支えるスタッフ3人が、番組の裏側を明かします。

坂本尚文(構成作家)

さかもと たかふみ/番組での愛称は「坂本さん」。パーソナリティである花澤さんの相手役も務めるが、近年は不在も多く、そのことをいじられること多々。ほかの担当番組に『A&G TRIBAL RADIO エジソン』など。

久保速人(ディレクター)

くぼ はやと/番組での愛称は「鬼畜D」。スタジオでの収録と収録後の編集を担当。'19年3月7日の放送ではひとり香川ロケを敢行。ほかの担当番組に、『青山二丁目劇場』など。

岡崎聡(プロデューサー)

おかざき さとし/'11年に文化放送入社。'17年10月より、歴代4人目のプロデューサーとして制作スケジュールや予算などを管理。ほかの担当番組に『A&Gメディアステーション FUN MORE TUNE』など。

番組スタート時の花澤さんは、「この子、死ぬんじゃないかな」と(久保)

——『花澤香菜のひとりでできるかな?』の企画は、どのようにして生まれたのでしょう?

久保 '07年に文化放送で新人声優の番組企画が立ち上がって、出演候補者を探すという仕事をしたんです。そのとき、後に『ひとかな』初代プロデューサーとなる奈良くんに渡した名前の中に花澤さんが入っていて。その3ヵ月後くらいかな。奈良くんから「花澤さんの新番組のディレクターをやりませんか?」と話を持ちかけられて、番組の準備が始まりました。

岡崎 奈良は最初、久保さんが出演候補者を探した番組のパーソナリティとして、花澤さんにお声がけしたんです。1クールごとにパーソナリティを起用していくという新人声優の登竜門的番組でしたが、当時すでにアニメ業界では名前が知られていた花澤さんに出ていただくなら、長く続く番組の方がよりふさわしいだろうということになり、改めて『ひとりでできるかな?』の企画が立ち上がったという経緯です。

坂本 僕に声がかかったのは、久保くんのずっと後だったと思います。僕自身、業界に入って数年という新人で、花澤さんのお名前も知らなかった頃ですね。

久保　新人というのは僕も奈良くんも同じで、当時、スタッフはみんな本当に若かったんですよね。

——花澤さんにとっては、ひとりでパーソナリティを務めるのは『ひとかな』が初。しかも1時間という長い枠でした。局としてはチャレンジングな企画だったのではないでしょうか？

久保　1時間枠というのは、『超！A&G+』[※1]が始まったばかりで番組数が少なかった当時だったから可能だったことですね。覚えているのは、初回の収録が終わった後、「この子、死ぬんじゃないかな」とみんなで話していたことです（笑）。

坂本　「死ぬんじゃないかな」は大げさだけど、花澤さんの初回トークは、本当に消え入りそうなくらい小さな声だったんですよね。1時間もひとりでしゃべることや、若いスタッフばかりだということに相当な不安を感じられていたんじゃないでしょうか。本当にタイトル通り、『ひとりでできるかな？』という感じでしたね。

——そもそも、『花澤香菜のひとりでできるかな？』というタイトルは、どのようにして生まれたのでしょうか？

坂本　このタイトルだったら、花澤さんに何でもチャレンジしてもらって、もしダメでも成り立つかなと。もちろん、ラジオでよくある駄洒落も入ってます。実は、『花澤香菜のフラワーガーデン』というタイトルに決まる一歩手前だったんです。でも、そういうすました感じじゃない方がいいということになって、現在のタイトルに決まりました。もし『フラワーガーデン』になっていたら、「あなたの心に花を咲かせましょう」みたいな番組テーマで、盛り上がらないまま終了していたかもしれない（笑）。

久保　実際、いろいろな企画を花澤さんにやってもらったんですけど、初期のコーナーのほとんどはハマらなかったよね。打ち合わせで盛り上がっても、台本にして花澤さんに実際にやってもらうと「あれ、ちょっと違うかな」と。

坂本　トライ&エラーというとかっこいいけど、ほぼエラーだったよね。

久保　初期は「花澤名人のシュウォッチ逆道場破り」[※2]が一番よかったですね。誰かの挑戦に対して、花澤さんが反応を返すというシンプルなコーナーだったから。

坂本　ゲストさんのスケジュールを調整して、シュウォッチを録りにいくのは大変だったんですけど、録ってしまえばあとは楽だった。とにかく1時間をどう埋めるか、というのが最大のテーマで、いくつものコーナーが生まれては消えていったのが初期の『ひとかな』でしたね。

『ひとかな』は、リスナーさんに助けられている番組です。（坂本）

――さまざまなコーナーにチャレンジされる中で、初期から「私、花澤潤ちゃん」※3のような名物企画も生まれています。

坂本　「潤ちゃん」もあの当時だから、実現できたコーナーだよね。

久保　その前に「私、花澤海月ちゃん」※4がありましたが、リスナーさんからのお題に花澤さんが応えられても応えられなくてもいいということで、気楽にやっていたのがよかったのかもしれません。リスナーさんもネタが書きやすかったみたいで、長く続くコーナーになりました。

岡崎　結局、番組の長い年月の中で一番育ってくれたのはリスナーさんだと思います。

坂本　単発コーナーのメールを募集しても、こういう振りが求められてるな、とすぐに掴んでくれるし、どのコーナーにも本当にたくさんのメールを送ってくれる。リスナーさんに助けられている番組です。

――ほかにハマったと感じたコーナーを挙げるとすれば、何でしょう？

久保　何だろう……（笑）。

坂本　花澤さんが苦手そうなことを逆手にとる、という企画の立て方はよくしていましたね。初期の花澤さんは曲紹介が苦手だったので「香菜に聴いてほしいかな？」※5をコーナー化したり、同じく人生相談が斜め上だったことから「お悩み相談のれるかな？」をやったり。意外だったのは、僕がやたらとリスナーさんや花澤さんにいじられた「花澤監視官」※6が割と評判よかったことかな。

久保　「坂本ロイド」※7は人気者でしたよね。

坂本　僕はゲラなので、リスナーさんの面白いメールを笑わずに読むのが難しくて。「メールを笑わずに読み通せる声優さんってすげえな」って、改めて思いましたね。

※1
'07年にスタートした文化放送が運営するアニメ・ゲーム・声優分野専門のインターネットラジオ。'08年から、地上波放送が始まった'22年以降も『ひとかな』が放送されている。

※2
'10年４月14日放送回からスタートしたコーナー。「シュウォッチ」連射181回／10秒の記録を持つ花澤への挑戦者を勝手に探し出し、強引にチャレンジしてもらう。

※3
'11年に始まった「私、花澤海月ちゃん」の後続コーナー。花澤が敬愛する長谷川潤のようなポジティブキャラを目指し、リスナーからの無茶ぶりを実演。「私、花澤潤ちゃん！」コールで締める。

※4
'10年に始まったコーナー。花澤主演のTVアニメ『海月姫』のヒロイン月海のような癒やし系キャラを取り戻すべく、リスナーからの無茶ぶりを実演。「私、化澤海月ちゃん！」コールで締める。

※5
「●●なときに合う曲」というシチュエーション切りで紹介してほしい曲を募集。花澤が選んだ１曲を番組で流す。

――花澤さんの発案で生まれたコーナーはあったのでしょうか？

岡崎　企画を実現するための調整役から見ても意外でしたが、年1回の「水着回」[※8]がそれです。

久保　発端は、花澤さんから番組にテコ入れしたいと提案があって。TVアニメではテコ入れのために水着回が作られるというのと、芸人さんのラジオには全裸回というのがある、という2つの元ネタを組み合わせて生まれたんですよね。でも、まさか花澤さんが本当に水着で番組収録をするとは。

坂本　「水着回」は、完全に花澤さん発案なんです。花澤さんのラジオに対してのモチベーションが上がってきた時期だったからこそ実現した企画だったと思います。

――花澤さんがラジオに慣れてきたと感じたのは、いつ頃ですか？

久保　ここ4、5年くらいじゃないですか。

坂本　そうだね。

久保　花澤さんがラジオ好きになって、ほかの番組をいろいろ聴くようになってからじゃないですかね。そうするとやっぱり自然とインプットが増えて、コーナーの作り方とかゲストのトークの受け方とかリスナーさんのメールへの返し方とかがわかってくる。こちらとしても、こういうコーナーをやったら花澤さんはこんな風に回していくだろうなと、予測しやすくなりました。

坂本　僕は番組が始まった頃から、「ラジオとは何か」という話を花澤さんとしてきたと思うんですけど、花澤さん自身がラジオを好きになって、初めていろいろと腑に落ちてくれたんじゃないでしょうか。

花澤さんの声優業のかたわらで、番組がずっと続いてくれれば（岡崎）

――『ひとかな』の歴史を振り返って、転換点があるとすると、どこでしょうか？

岡崎　それはやはり、明治さんにご提供いただいて地上波に進出した[※9]ことですね。花澤さんのタレントパワーはもちろん、番組としてのパワーも評価いただいてのことなので、一番大きな変化だったと思っています。

久保　始まってから15年近く経っての地上波進出なんて、そんなことがあるんだなと思いましたね。同時に、『超！A&G+』の枠も残ってくれたのはありがたかったです。

坂本　上り調子のときはガンガン行けばいいと思うけど、『超！A&G+』の木曜日の枠までなくなっていたら、地上波が終わったとき、帰る場所がなくなっちゃうからね(笑)。

久保　明治さんがスポンサーにつくまで、僕らは番組グッズすら、まともに作ったことがなかったんです。ノベルティグッズもいまだに「干し芋子クリアファイル」[※10]だしね。

坂本　'08年に作ったグッズをいまだに使ってる(笑)。「もふもふ」[※11]もそうですけど、みんなもう知らないよね。中学生だったら、まだ生まれてない頃のことだから。現に新しいリスナーさんからは定期的に「もふもふって何ですか?」ってメールが来るんです。

——今の『ひとかな』には、若いリスナーさんがたくさんいらっしゃいますよね。

坂本　恋愛や受験の相談が本当によく来ます。

久保　花澤さんは若い人の淡い恋愛話をキャッキャしながら読んでますね(笑)。

——16周年という節目を迎えた『ひとかな』ですが、現在の状況をどのように捉えていますか?

岡崎　確かな手応えを感じながら、番組が続いていくのが当たり前という感覚を持ってはいけないと、スタッフ一同、肝に銘じています。この番組にとって何よりもありがたいのは、花澤さんが声優として第一線で活躍し続けていることですね。声優業という本業のかたわらに、この番組がずっとあり続ければいいなと。そのためにいい環境作りをしていきたいと思っています。

久保　僕は『ひとかな』が終わったとしても、花澤さんがラジオでひとりしゃべりを続けていってくれれば、それでいいかなと。ラジオを好きになってくれたのが嬉しいんです。

坂本　花澤さんがラジオを大好きになったタイミングで、明治さんというスポンサーが現れ、地上波進出して。いろいろな要素がガチャンと組み合って上手くいっているのが今だと思います。大きな打ち上げ花火が打ち上がったような感があって、僕はそれだけで満足ですね。

※6
『PSYCHO-PASS サイコパス』とのタイアップコーナー。リスナーの日記を花澤監視官が監視し、行動に問題がないか危険指数を判定する。

※7
「花澤監視官」コーナーで、リスナーからのメールを読み上げる録音素材として登場したキャラクター。坂本が声を担当した。

※8
花澤が実際に水着を着用して収録する年1回のテコ入れ回。'19年の400回放送を記念して始まった。(P90)

※9
'08年からインターネットラジオとして長年放送を続けてきたが、明治がスポンサードしたことで、'22年4月3日の放送から地上波に進出した。

※10
番組が始まった'08年に「干し芋プロジェクト」企画絡みで作られたクリアファイル。1千冊作製された。(P30)

※11
初期の花澤が「幸せを感じたときの擬音」として使っていた。

歴代プロデューサーに聞きました。

質問 ❶花澤さんの最初の印象は？ ❷担当されていた当時の番組の方向性は？ ❸担当当時、苦労されたことは？ ❹当時、特に印象に残っていることは？ ❺花澤さんとのやりとりで印象に残っていることは？ ❻番組が16年も続いた秘訣はどこに？ ❼改めて、番組の好きな点は？ ❽花澤さんに一言。

初代プロデューサー
(2008年1月〜2009年7月頃)

奈良重宗

ならしげむね／'06年度に文化放送入社。初代プロデューサーとして番組の立ち上げに携わる。番組内愛称は「チャラさん」。現在は編成部に勤務。

❶声も小さく、今にも霧になって消えてしまいそうな方でした。 ❷当時はまだラジオ出演経験も浅く、その人となりをファンもまだまだ知らなかったと思い、ご本人の人柄やその素敵な声が活かせるような番組作りを意識していたと、今になって後付けしております。 ❸番組開始から2ヵ月くらいは、ご本人は楽しめているのか？ 我々大人は何かとてつもなく大きな苦痛を彼女に与えているのではないか？ と心配していました。できるだけ、楽しい雰囲気を作ろうと思っていました。 ❹番組が始まって1クールが経った頃、トークのテンポや内容が急にレベルアップした回がありました。何か殻を破ったような感じです。そのとき、驚きとともに、また声優界にラジオスターのひとりが生まれるかも、と嬉しく思いました。 ❺ちょっと思い出せないです。 ❻ひとえに花澤さんの「ラジオ愛」だと思います。今でも他局のラジオスターたちの番組を聴き、楽しみ、愛し、勉強される姿勢にすべて表れています。 ❼花澤さんとスタッフとリスナーの三角関係。 ❽番組16周年おめでとうございます！ これからもどうぞよろしくお願い致します。

2代目プロデューサー
(2009年7月〜2010年10月頃)

荻原周平

おぎわらしゅうへい／'06年度に文化放送入社。番組内愛称は「おぎプー」。現在はA&G系番組プロデューサーとして『鷲崎健のヨルナイト×ヨルナイト』などを担当。

❶収録開始までに1時間程度、会議室にこもって寄せられたお便りを読んだり、トーク内容を考えたりする時間が設けられており、収録に臨む下準備とその向き合い方に感心しました。 ❷当時は1時間枠で、ひとりで担当するのはさぞ大変だったと思います。負担に思わず、「ラジオって楽しい」と花澤さんに考えてもらえるような番組の雰囲気作りや企画を練ったと記憶しています。 ❸当時開設されていた番組ブログに、“ひとかな仙人”なる謎のキャラクターを登場させていたのですが、若干クセの強い記事になってしまい、軌道修正に苦心しました。ちなみに自分が担当を外れた直後に、仙人が「急に地元に帰った」設定となり、その後2度と出てこなくなったのにはびっくり。また戻ってきてくれることを切に願います。 ❹「シュウォッチ逆道場破り」のコーナーは、毎回、参加された皆さんが喜んでチャレンジしてくださり、楽しかったです。 ❺あだ名をつけていただいたこと。今でも若い声優さんに「荻原さんってあの『おぎプー』ですか？」と言われることがあり、影響力の大きさに驚いています。 ❻花澤さんが番組とリスナーを愛し、番組とリスナーが花澤さんを愛する、愛し愛されてきた結果だと思います。 ❼もう「ひとりでできるやろ！」と思いますが、相変わらず「ひとりでできるかな？」と言っちゃってるところ。 ❽現在、花澤さんの後輩にあたる新人女性声優さんの番組を担当しています。彼女の目標は花澤さんで、『ひとかな』の大ファン。いつまでも後輩たちの素晴らしい目標であり続けてほしいと思います。

3代目プロデューサー
(2010年10月〜2017年10月頃)

門馬史織

もんましおり／'09年度に文化放送入社。番組内愛称は「もんちゃん」。現在は『おとなりさん』『朝の小鳥』『堀江由衣×浅野真澄の#とれとれ』などを担当。

❶かわいい！ ❷リスナーさんにとっても、花澤さんにとっても楽しい時間になるといいなと思っていました。 ❸苦労はしていませんが……なかなか作家の坂本さんのスケジュールが合わないこと(笑)。 ❹毎年恒例のクリスマス会。花澤さん、矢作さん、戸松さんの3人が、本当に楽しそうなので！ ❺花澤さん自ら、焼き鳥屋さんを予約して、忘年会を開催してくれたこと！ めんどくさがりなスタッフに代わって(笑)。 ❻花澤さんが『ひとかな』を大事にしてくれていること。そして、リスナーさんがずっと楽しんでくれていること。あと、スタッフの力がいい意味で抜けていること……!? ❼素敵な外見と声に似合わない(!?)花澤さんの面白さ！ ❽これからも素敵な声で、楽しい時間を届けてください！

『ひとかな』といえば？

やっぱり 無茶ぶり かな？

歴代コーナーから、ラジオならではの「無茶ぶり」企画を振り返り。

「こばと。がんばります!!」「私、花澤海月ちゃん」「私、花澤潤ちゃん」

「あざトーーーーク」「笑ってはいけない花澤さん」の5本です。

中尾衣里のために「がんばります!!」。

第56回2010年2月17日
ゲスト:中尾衣里

花澤　「こばと。がんばります!!」
　このコーナーでは、困っているリスナーさんのために私が体を張って解決していきたいと思います。見事解決できた場合は、私が持っているこの瓶に金平糖がどんどん溜まっていき、瓶がいっぱいになったら温泉に番組予算で行けるという夢のようなコーナーでございます。さて今夜は中尾さんのために、「こばと。がんばります!!」

中尾　頑張ってね！　どれがやりやすいかな……？　ひとつめ。欲しかったDVDがあって、初回限定盤をいただいたんですが、もったいなくて開けられないです。どうしたらいいんですか？

花澤　初回限定盤はどうして開けられないんですか？

中尾　**いっぱい特典が付いてるからだよーーー！**
そこがわかってないんだったらこの質問は香菜ちゃんには解決できないな。

花澤　却下された!!

中尾　じゃあ2つめ。**店舗によって全巻購入特典が違うので……。**

花澤　えーと、アニメの話ですかね？

中尾　さらに同じ作品のDVDとブルーレイを2つ買わなければいけないんですよ。どうしたら全部手に入れることができますか？

花澤　そんなの偉い人に言えばいいんですよ。

中尾　私、言ったの。

花澤　言ったんだ!!

中尾　でも「すいません、そこまでは……」って言われちゃった。だからブルーレイとDVD買ったの。DVDは見られるから大丈夫。ブルーレイは保存してある。開けてない。

花澤　**中尾さん、ブルーレイプレーヤーがない**

んですよね？ むしろ、プレーヤーをどっかで調達した方がいいですって！

中尾 **どっかの打ち上げで当てる予定。**

花澤 ちょっと（笑）！ ……えーと、何でしたっけ？

中尾 解決してもらったのかな？

花澤 解決してない……（笑）。

中尾 あーじゃあ次？ 二次元を好きになった場合、永遠の片思いなのですが、逃げたくなるときがあります。どうしたらいいですか？ 最近、何もかも（『ラブプラス』の）愛花です。**待ち受けも愛花です。** もうね、公式ガイドブックも買って読み込んだから！ **お風呂場で読んだからシナシナ**（笑）。もう大人だし、いかんと思うんだけども、錯覚を起こすときが……。だから『ラブプラス』をしてるんですけど。ですよね？（坂本へ振るも、反応が鈍い）いや坂本さん、わかってくれそうだなと思ったんですけど。

花澤 坂本さん、アニメとかゲームのこと何にも知らないんですよ。

中尾 え、そうなの？ **じゃあ香菜ちゃんの声を聞いても何とも思わないんですか？**

花澤 そうなんです。何とも。

中尾 **替えなさい！ そんな人！**

花澤 ひどいでしょ（笑）!? 私とかどうでもよくて戸松戸松言ってるんですよ。写真集見て[※1]「かわいい～かわいい～」って言ってる。

中尾 あ、それうちもお友達のおうちで見たよ。**サイン入りだったよ？ サイン入りだったよ!?**

花澤 何でちょっと自慢してるんですか！ はい、じゃあちょっと解決しますかね。……一緒に婚活しますか（笑）？

中尾 婚活!? 香菜ちゃんを年下だと思ってたけど、何かすいませんでした。香菜ちゃんの方が大人でした。

花澤 二次元が好きな男性っているはずですよ。2人で盛り上がったりできると思いますよ。

中尾 違うキャラ好きだったらいいよね。**同じキャラだったら、うーんちょっと嫌かな？**

花澤 難しいよっ！

※1
『戸松遥写真集 ｜ may Me』（学研プラス、2015年刊）。戸松贔屓の坂本と久保が発売直後に写真集をスタジオに置くなど、花澤を挑発していた。

伝説のジングルが誕生した「海月ちゃん」。

第81回2011年2月2日

花澤　「私、花澤海月ちゃん」！

かつてここに存在していた癒やし系花澤香菜の時代を思い出すために創設されたコーナー「私、花澤海月ちゃん」[※1]。**別名、火傷上等コーナー！**　リスナーさんから〝過去、私に癒やされちゃったエピソード〟を募集して、すっかりやさぐれてしまった私がそれを実演しながら思い出していきます。**ちゃちゃっと終わらせましょう！**

この前押し入れから、『月刊アスファルトとコンクリート1月号』が出てきました。新春コンクリート声優特集に登場していた香菜さんでしたが、特に長年温めていたというオリジナルポエム「コンクリートずっきゅん！」には、読み返していた僕も、感動のあまり涙してしまいました。素晴らしいポエムありがとうございました。（飛び級ピーターパン）

花澤　……そう。**私ね、コンクリート声優なんです。**あるじゃん？　ダム好き芸能人みたいなやつ。**私、コンクリートだから。**で、編集の人が来て、ちょっとポエムお願いしますって。私が渾身のポエム「コンクリートずっきゅん！」をね、提供したよね。では、聞いてください。

「ずっきゅんずっきゅんずっきゅんきゅん！　コンクリートジャングル……コンクリートジャングル……!!　もう、道路作るのやめようよ。ずっきゅんずっきゅんずっきゅんきゅん！」。私、花澤海月ちゃん！

疲れてきた……。大丈夫、これ？　あのー、これポエムだからさ。私、別に主張してるわけじ

※1
花澤が主演したアニメ『海月姫』のヒロイン月海が癒やし系キャラだったことから、このコーナー名に。

ゃないからね。次。

あれは、よく晴れわたった夏の暑い日。私が自転車のサドル部分だけを盗まれてしょんぼりしていたときのことです。そこに偶然通りかかった花澤さんが、おもむろに手に持っていたブロッコリーをサドル部分に差し込み、なんだか奇妙なポーズをとりつつ、ひとこと声をかけて励ましてくれました。あのときのポーズとセリフのミスマッチ感が忘れられず、今でも私の自転車にはブロッコリーが刺さったままです。ぜひもう一度、もう一度だけあのときの再現をしてください。お願いします！（カリフラワー）

花澤 そうね、サドルにはちょうどブロッコリーがいいと思ってたからさ、スーパーで買って持っていってあげたの。
「クルックゥ、クルックゥ！　頑張れよ!!」……私、花澤海月ちゃん！

私、ヒートテック着てくるんじゃなかった（笑）。**暑い！　すごくアツイッ!!　ブースの温度を下げてぇ……！**

あれは確か、僕がアメリカに留学することを親に許してもらえず喧嘩になってしまったときのことです。（中略）海月先生が急に僕の家に乗り込んできて、僕の親に「く・ら・げ」というあいうえお作文で説得してくれましたね。（中略）あの素晴らしいあいうえお作文をもう一度お聞かせください。（あきら3号）

花澤 親の一存で反対しちゃやっぱりいけないですよね。だから乗り込んでいったんですよ。
「くらげのく！　苦しいときも悲しいときも。くらげのら！　らっきょで精をつけなさい。……**元気ですかーーー!!**」。私、花澤海月ちゃん……！　**私の元気がなくなっちゃったね。**私も人に無茶ぶりするのやめようと思うもんね。

『半沢直樹』×3の奇跡が起きた「潤ちゃん」。

第149回2013年9月11日

「いち、に……ッムハァ！　にぃ、に……ッムハァァァアッ!!」

……はい。次、平泳ぎか。

「いち、に……めぇ。にぃ、に……めぇえ」。……

私、花澤潤ちゃん！

どうでしょ!?　色気ってね、自分で出すもんじゃないから。感じるものだから。きっとみんなはマイクの向こうで色気にやられてますよ！

今、話題沸騰のドラマ『半沢香菜』に主役として出演されていましたね。（中略）第4話で貧乏プロデューサー坂本からお金を取り立てるシーンは今でも忘れられません。潤ちゃんの口から次々出てくる罵声はさすがのひとことでした。また見たいので、ぜひ再現してください。（ぬぐー）

花澤　「私、花澤潤ちゃん」！

容赦なくメールが来ております。

潤さんこんばんは。夏休み限定の水泳の講師としてプールに来ていた潤さん。そんなとき僕は見てしまいました。潤さんが子どもたちに息継ぎを教えていたたっぷりなプハッという息継ぎを。（中略）潤さんの色気ぜひクロールバージョンと平泳ぎバージョンをお願いします。（りょうまの休日）

花澤　なるほどね。私がスイミングスクールの講師をやってたときの話ですね。普通、色気なんか感じない息継ぎを、私がやることによって感じさせるっていうね。オッケー。クロールからいくよ。

花澤　『半沢直樹』っていうドラマありましたけどね。似てるねえ（笑）。ちなみに『半沢直樹』は1回も見たことないけどね。やるよ！

「あたしが半沢だよ！　おい坂本よぉ、お前は、夜に女の子と遊んでるくらいだったら、こちらの番組にお金をよこしなさいよね！」。……私、花澤潤ちゃん。

どうよこれ？　いや坂本さんが遊んでるとかそんな事実は知らないですけど（笑）。

『半沢潤ちゃん』見ました。銀行の受付の潤ちゃんが、頭取を目指す感動のサクセスストーリー。特に第2話の同じ女性なのにセクハラをしてくる上司に倍返し宣言をし、ちょっとすごいことになったシーンはびっくりしました。ぜひあのシーンを再現してください。（相沢コゼット）

花澤　じゃあ……。

「すいませんけどね！　このセクハラ、私は許せませんよ。何かことあるごとにお尻を触ってきて、おんなじ女性でも許しませんからね。倍返しだ！」……私、花澤潤ちゃん（泣）。

待って、倍返しはどういうときに使うんですか？　……間違ってない？　まだあるのね……。

放送中の大人気ドラマ『半沢香菜』見ました。潤ちゃんが演じる美人ＯＬ半沢香菜が、上司の小倉女史にセクハラを受けるも、「やられたら倍返しだ！」のセリフを吐いてセクハラの倍返しをするシーンは爽快でした。あの名ゼリフを再現してください。（スミノリ）

花澤　**みんなさ、考えることがおんなじすぎるよ！**

「唯ちゃん……そんなに私のこと見て、好きなの？　私のこと。そんなに見るなら、**唯ちゃんの目ん玉をぺろぺろしちゃうよ!?　倍返しだ!!**」……私、花澤潤ちゃん。

（スタッフの反応をうかがう）いい？　よかった。

構成作家・坂本の〝とっても上手なキス音〟。

第286回2017年5月11日

花澤 「笑ってはいけない花澤さん」！　「最近、花澤さんって心から笑ってないよね」。スタッフは私に対してこう思っているそうです。そこで、リスナーさんからどんな内容でもいいので、私を笑わせるための何かを募集。それを作家の坂本さんが実行し、私が笑ってしまったら罰金100円となります。

坂本 では、紹介していきたいと思います。

花澤 あははは（笑）！

ブー

花澤 なになに⁉

坂本 今笑ったじゃないですか！

花澤 **坂本さんの声がやっぱなんかムッツリしてんなと思って**（笑）。ムッツリ声だよね。

坂本 いやムッツリ声って何ですか！　声優さんの業界でほかに誰がいるんですか。

花澤 いや、いないいない。

坂本 では僕は唯一無二ということで。自信を持っていきたいと思います。ひとかなネームそらぴぃさんからいただきました。こちらセリフになります。「俺はもうギャンブルなんかしねえ。絶対に、賭けてもいいぜ？」……あれ？

花澤 ……？　ほんとに？

坂本 花澤さん、花澤さん。違います。「ギャンブルなんかしない、賭けてもいいぜ？」

花澤 ……あー！　今理解した。それは坂本さんの言い方が悪かったなあ。

坂本 いやいや、このまま読んだだけですよ。

花澤 いや読み方だよ。（お手本を披露）このくらい「賭けても」を立てないとわかんないよ。

坂本 ……わかりました。

花澤 （笑）。普通に反省された。

坂本 ちょっと勉強したいと思います。続いていきます。ひとかなネームいこりんさんからいただきました。「ジャムおじさん、もう少し顔をシュッとしてくれないかな？」。

花澤 ふふっ。

ブー

花澤 なんか面白い。なんか面白いよ坂本さん！

坂本 まだ終わってないんですよ。途中です。

花澤 終わってないの!? うそー笑っちゃった。

坂本 もう1回いきますね。「ジャムおじさん、もう少し顔をシュッとしてくれないかな？ こうして、アンパンマンはチョココロネマンになったのだった」…フッフフフ（笑）。

花澤 なんで笑っちゃうの（笑）！ **これじゃ「笑ってはいけない坂本さん」じゃん！**

坂本 だから僕、（ディレクターの）久保くんに言ったんですよ、事前録音にしようよって！

（坂本&花澤100円を入れる）

坂本 ひとかなネームコオロギさんからいただきました。「プルルルがちゃ。坂本です。ただいま電話に出ることができません。御用のある方は、僕、台本書くねん！ というメッセージの後にどうぞ。僕、台本書くねん！」……何がダメですかー？

花澤 うーん何だろうな。**〝面白いこと言ってるぜ俺感〟が強い**。

坂本 だってこれ自分の言葉ではないんですよ！

花澤 でも、もう役者坂本ですから。まあ次かな。

坂本 ひとかなネームエッチなシンジくんからいただきました。「坂本さんが手の甲を使ってとっても上手なキス音を出す」。

花澤 ……お願いします！ お願いします!!

坂本 **（とっても上手なキス音）**

花澤 あはははは！ キモーーーーーい！

ブー

花澤 『ひとかな』で何やらかしてんだよ！

坂本 どうでした？

花澤 うん。**超面白かった！**

"愛犬香菜"を愛でる坂本にドン引き。

第288回2017年5月25日

花澤　「笑ってはいけない花澤さん」！　このコーナーが始まってから坂本さんの出席率がほんとによくてですね。
坂本　必死なんですよ。とりあえずいなきゃいけないっていう。
花澤　（笑）。坂本さんメッセージお願いします。
坂本　ひとかなネームもりまっこりさんからいただきました。えー歌います。「花澤さんからお手紙ついた。坂本さんったら読まずに食べた♪　……こうして坂本さんはひどくお腹を下したのであった」
花澤　……何だろう、こう絶妙に歌がヨレヨレしてた。
坂本　それは僕の歌唱力の問題ですね。
花澤　うーん、なんかお便りを食べるっていうところにリアリティがないじゃないですか。絶対食べないでしょ？
（おもむろにメールを食べ始める坂本）
花澤　やめてー！　食べないでー！　……体張りますね、坂本さん。**私も『文学少女』のオーディション前に紙をちょこっとだけ食べたことがありますけど、**本当にやめた方がいいです、みんな（笑）。
坂本　インクの味がします。
花澤　笑っちゃった。はい100円。
坂本　ありがとうございます。続いていきます。ひとかなネームはるまき！さん。「花澤さん」
花澤　はい？
坂本　「ちょっとブラ直してきていいですか？」
花澤　ブフッ（笑）！　坂本さんのTシャツの

下想像しちゃったじゃん！　気持ち悪い！　直してくるってどこをどう直すんだよ（笑）！

坂本　知らないですよ！　僕は来た通り読んでるだけなんですから。

花澤　ちょっとズレちゃったのかな？　えーやだなあ、たぶんピンクとか着てるんだろうなあ。レースの入ったピンクとか着てるんだろうなあ。

坂本　そうですね。**するならちょっとおしゃれしたいですからね。**

花澤　**パンツも揃えるよね？**　やだなー。笑っちゃったよ、くそー。（100円を入れる）

坂本　よかったです。

花澤　それつながりで何かいろいろ物語ができそうですね。

坂本　続いては、ひとかなネームサムゲタンさんからいただきました。ちょっと小道具を使います。では……。

花澤　え、何ですかね？　椅子を引きましたけれども。え、犬のぬいぐるみ……？

坂本　いきまーす。「**香菜ちゃんかわいいねえ、よしよし、うにゅにゅにゅ、おりこうさんだねえ。香菜ぁ。香菜お座り！　う～ん、いいこいいこ！**」

花澤　ぎゃぁああ！　いやぁーーーー！

坂本　以上です。

花澤　……はあ、はあ、何だろうこの何とも言えないざらざらした気持ち。**これがざらざらなんだなって今思っています。**[※1]　はあ、すごい。でも面白い。

坂本　ちょっと本気で引いてるなってわかった瞬間、やべぇって思いました。

花澤　よしよしまではよかったんですけど、犬に顔をうずめた瞬間ですね。ウッときたのは。

坂本　ははは（笑）。ついね。あんまり露骨にするなってD（ディレクター）には言われてたんですけど。犬を愛でるとどうしても顔を近づけてしまうという。

花澤　そうしたくなるのはわかる。これされてたらやだなあ。（100円を入れる）はあ、なーんか不覚だなあ。面白いなあ。

※1
'17年に発売された花澤のアルバム『Opportunity』に『ざらざら』というタイトルの曲が収録されている。

「あざとい」はギフトなんだよ。

第486回 2021年3月25日
第488回 2021年4月8日

新コーナー「あざトーーーーク」をスタートさせるにあたってのコーナー説明。しかし花澤は予想外にあざとさの再現に苦戦。意外なコンプレックスがあることが判明します。

花澤 「あーざトーーーーク」
坂本 真似しないでください（笑）。
花澤 真似したくなるじゃん（笑）？ タイトルには年季を感じますが。でも、まだないもんね？ 「あざトーーーーク」って。『あざとくて何が悪いの？』[※1]とかはあるけどさ。
坂本 言っちゃった（笑）。
花澤 今、時代はあざとかわいい。そう、あざとくていいんです。私が今さらあざとくしたところで、「どうしました？」って言われるだけだからね。あざといというのをいじれるのって、あざとくない人だもんね。
坂本 もしくは、あざといをウリにしてる人ですね。
花澤 そこでこのコーナーでは、リスナーさんに大好物のあざとさ全開のシチュエーションを送ってもらい、私が判定したり、あえて今、学んでいったりしたいと思います。
簡単に例を挙げると、待ち合わせで自分を見付けたとき、大声で手を振りながら寄ってくる、とか。……これ、あざといか……？ 本当？ 「さーーかもとーー!!」
坂本 言い方だよ！ 言い方。せめて「さん」付けてよ！ そんときは。
花澤 ぁんはぁ♡ さぁ～かも～とさぁ～～ん！ぅん～んんぅ～♡
坂本 はい。花澤さんはできないってことです

※1
'20年からテレビ朝日系列で放送されているバラエティ。「あざとい男女の『リアルな恋愛事情』や『人間関係の処世術』を全方位から深掘り!!」がテーマ。

よ。

花澤　**できないわ……。**いや、おかしいよね、キャラクターではいっぱいやってきたんだよ。『かんなぎ』のざんげちゃんとか、『ＩＳ』のシャルとか。[※2]どこから……いやどこからっていうより**私にはあざとかった時期はないと思う。**これは、振り返ってみると、まず私、声がもともと高いからさ。ぶりっこしてるように見られるわけ。緊張すると声高くなるし。たぶん、『ひとかな』を知ってる人が、私がＴＶに出てるのを見たときに、「お？　なんかちょっとぶりっこしてんじゃないすか」って思う人いると思うんだけど、あれは緊張して声が高くなってるだけだから。でね、そういうのを振り払うために、**あざといっていうところには自分から遠ざかってたの。自分から。距離を置いてたの。**

坂本　知ってはいたけどね。

花澤　でも、やられるとてもいいというのも知ってるから。あざとい子、女の子もいるし、男の子もいるよね。そういうのやられると、もうキュンッ！　て。何かギフトをもらったってなるよね。**「あざとい」はギフトなんだよ。**だから、これいいね。みんなにあざといを送ってもらって、いつか……**死ぬまででもいいよ。リアルで1回でもできたら私は嬉しい。**

坂本　報告してね、そのときは。

・・・

（続く4月8日放送回でさっそくリスナーからのお題に挑戦する花澤）

動物園でライオンの前につくなりガオーっと威嚇のポーズをしながら雑なモノマネをする。（いこりん）

花澤　ええ⁉　これあざとい？　32歳女性が？やる？　これを？　……「ッヴェォオオーーー‼」とはやんなくていいのよね（笑）？

「ねえねえ、見てライオン！　ガオー♡」

……うん、かわいいなあ、今日も香菜は。ってフォローが欲しいね（笑）。**うーん無理だな。**

※2　花澤が演じたアニメ『ＩＳ〈インフィニット・ストラトス〉』（'11年）の男装キャラ。本名はシャルロット・デュノア。

声優花澤に「好き」を10回言わせる。

第290回2017年6月8日

花澤 「笑ってはいけない花澤さん」！

さっき坂本さんに千円を両替してもらったばっかりで、手元に100円玉がいっぱいありますから[※1]。いっぱい笑わせてもらおうかなと思っております。さっそくメッセージを紹介してください。

坂本 ひとかなネームはるまき！さんからいただきました。これはセリフですね。いきまーす。「前から思ってたんですけど、僕ってL'Arc～en～Cielのｈｙｄｅさんに似てません？」。

花澤 ………。

坂本 ちょっと！　声を出さずに笑うっていうのはずるくないですか（笑）？

花澤 ……何だろう、超似てないからなあ。

坂本 あまりにも似てなさすぎて、笑いも起きないってことですか。ちょっとはるまき！さん、これはきついっす。

花澤 例えば「リラックマに似てません？」とか言われたら、あー確かにってなるけど。ちょっとなあ。

坂本 高望みしすぎですかね？

花澤 そうだね。そのメールを選んだ坂本さんもアレだよね。**「俺、ちょっとｈｙｄｅに似てるのかもな？」って思ったってことだよね。**

坂本 いや僕じゃないですよ、これ選んでるの！

花澤 じゃあ坂本さんが罰金100円ってことで。

坂本 くそ、はるまき！ーーー！　もうちょっと考えて送ってきてーーー！（貯金箱に100円を入れる）。

続いては、ラジオネームいずみさんからいただきました。「花澤さんのためにパンを作りました。花澤さん、新しい顔だよ」（パンを持ってく

【リスナーの推薦コメント】

僕が印象に残っている場面は、「笑ってはいけない花澤さん」で、香菜ちゃんに「好き」って10回言わせた後に坂本さんが「ありがとう」と言ったら、香菜ちゃんにゆっくりと「キモ」と言われた場面です！　送られてきたメールをそのまま読んでいるだけなのに、坂本さんがかわいそうすぎてめちゃめちゃ記憶に残っています！　ただ、僕はめちゃめちゃ笑いました!!（かとっち）

※1
坂本に笑わされたら花澤が自腹で100円を貯金箱に入れる、というコーナー設定。

る）。

花澤　すごーい！　本当のパンじゃん！　これ作ったの⁉　えー私、この顔になるのかあ。もうちょっとかわいくしてほしかったなあ。

坂本　ちょっと顔を付け替えてみてください。

花澤　（パンを顔にかざす）がしゃん。

坂本　似合ってますよ（笑）！

花澤　そうかな？　似合ってる？　でもこれ、パンっていうより何かおにぎりだよね。眉毛太いしさ、目もクリクリしてるし。あと口を何でこんなにへの字に曲げてるわけ⁉

坂本　ちょうどよくそこに生地があったので。

花澤　坂本さんがチョコで顔を描いてくれたんですね。すごい、ちょっと面白かった。ありがとうございます。**もうちょっと顔をかわいく描いてほしかったけど。**

坂本　ちょっと時間がなかったので。

花澤　この写真はあとでＴｗｉｔｔｅｒにアップしましょう※2。でも、**もうちょっとかわいく描いてほしかったな……**（ブツブツ）。はい、１００円。

坂本　ありがとうございます。続いてひとかなネーム青の半纏さんからいただきました。「花澤さん。好きって10回言ってください」。

花澤　**好き、好き、好き、好き、好き、好き、好き、好き、好き、好き。**

坂本　ありがとう。

花澤　**…………キモ。**

坂本　もう、絶対こうなると思ったんですよーーー！

花澤　何これ、やだ～！　やだやだ～～！　今日具合悪いんだから、こういうのやめてよ（笑）！　はい１００円没収。

坂本　えーーー。

花澤　私、声優なんだから好きとか10回も言わせた時点で罰金だよ。

坂本　**100円でいいんですか？**

花澤　**いいよ。**ということで、今日は３００円の罰金でした。もっともっと笑いたいな。以上、「笑ってはいけない花澤さん」でした。

※2　Ｔｗｉｔｔｅｒ（現：Ｘ）にアップされた花澤の新しい顔の写真がこちら。

水着回のこと。

2019年からスタートした年1回のお楽しみ、水着回。
Twitter(現:X)にアップされた写真とともに
着用された各水着を振り返ります。

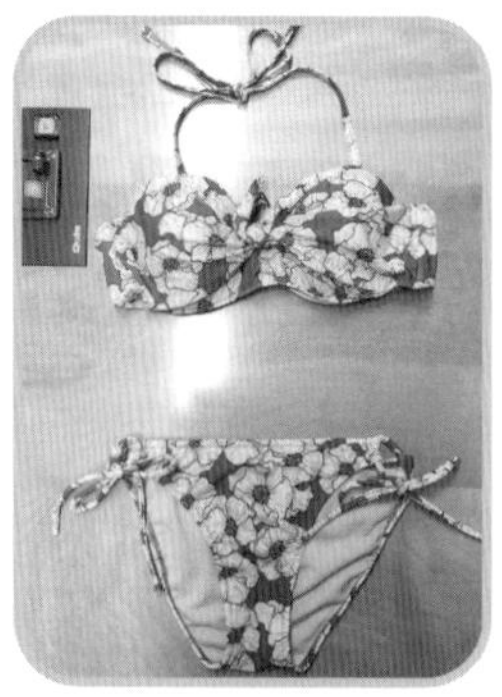

盛れてて恥ずかしい初水着回

第400回 2019年7月18日

400回記念のテコ入れ企画として始まった水着回。ピラティスの先生と選んだ「盛れてる」水着単体の写真がTwitterにアップ。「意外と恥ずかしい」と照れる花澤さんが印象的でした。

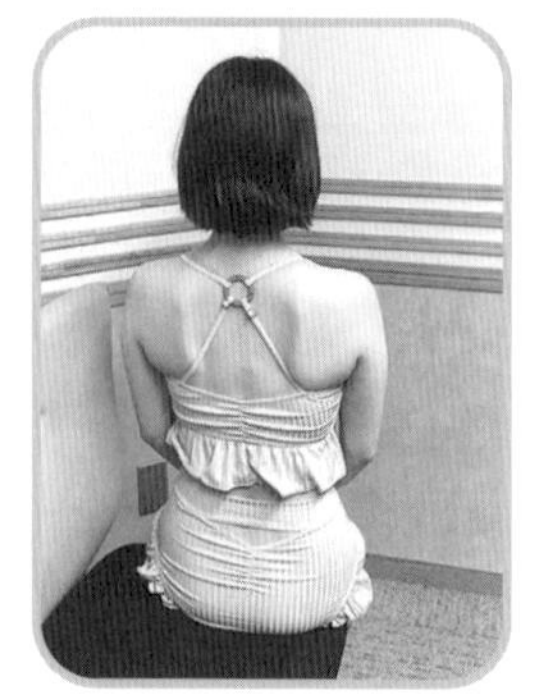

ベージュの水着で大人の魅力を演出

第456回 2020年8月27日

「頼まれてないのに、今年もやります！」という意気込みで行われた第2回。「31歳の水着ということで」、色は女性らしいベージュ。背中の開きと胸下のフリルがポイントだそう。

攻めた水着を初対面スタッフに披露

第507回 2021年8月19日

作家もディレクターも不在で、初対面のスタッフとともに水着回収録という仕打ちを喰らう花澤さん。ちょっと透けている部分のある、黒の「攻めたいい感じのちょいエロ」水着を着用。

布面積が多い水着で好奇心をくすぐる

第562回 2022年9月4日

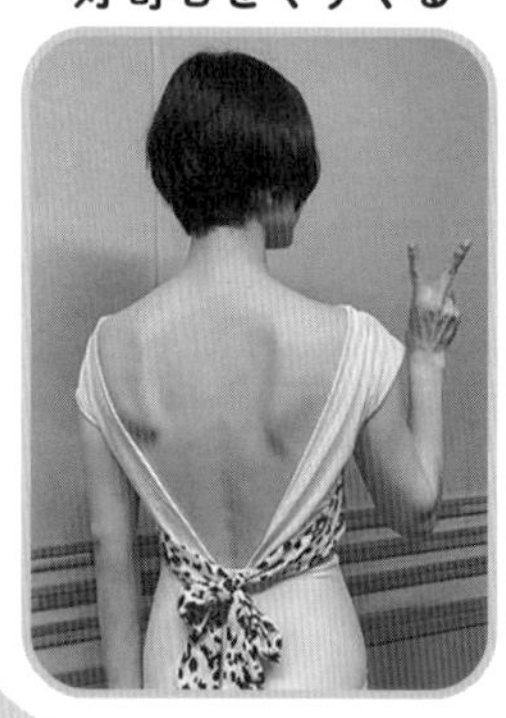

「明治の人たちの人数が倍に増えた」気がした回。「布面積が多い方が逆に好奇心をくすぐられる」ため、あえてワンピースタイプを着用。VRゴーグルを付けて、海水浴気分を楽しみました。

映えない灰色水着で自曲をアピール

第614回 2023年9月3日

シングル曲『灰色』の配信に合わせ、映えの真逆をいくグレーの水着に。「灰色の水着は探すのが大変だった」とのこと。ピラティスで鍛えた腹筋を坂本さんに見せびらかします。

『ひとかな』といえば？

やっぱり
趣味
かな？

多趣味で知られる花澤。パン好きならではのマニアなトーク、
ピラティスでのやらかしトーク、そしてラジオへの思いまで、
趣味人・花澤香菜が炸裂した回、再び。

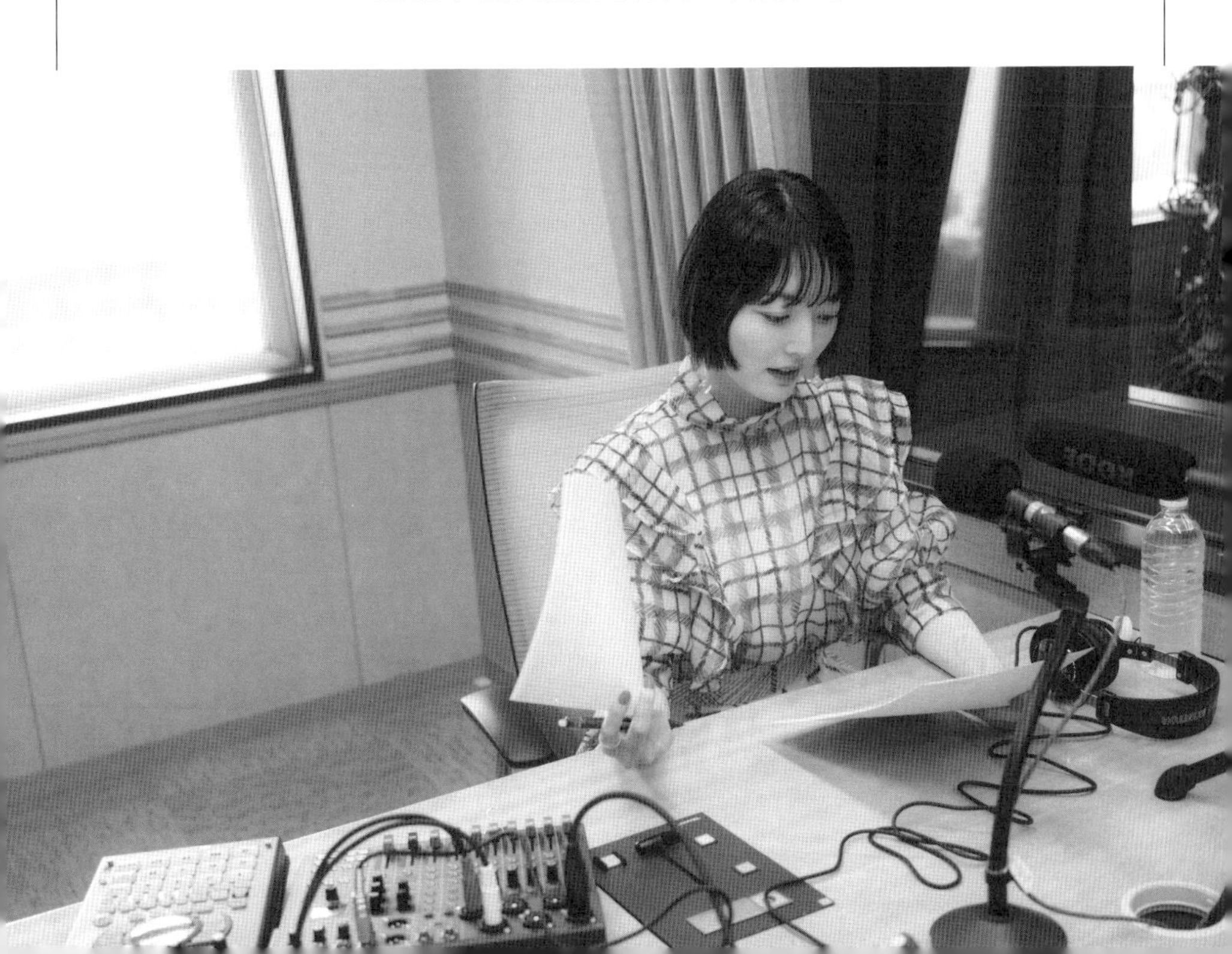

パンへの愛が止まらない。

第164回2014年4月9日
第187回2015年2月25日
ゲスト：池田浩明

'14年2月12日の放送で、突然パンにハマったことを明かした花澤。'14年4月9日の放送では、「パン欲」なる情熱についてアツく語ります。パン好き声優・花澤香菜が爆誕したきっかけとは？

～オープニングトーク～

花澤　以前から気になっていた本、「パンを欲する」と書いて『パン欲』（世界文化社刊）。人間には三大欲求のほかに、パンを食べたくてたまらなくなる「パン欲」が本質的に備わっていると謳ったこの本。私は深～く共感しました。あぁ、いろんなパンが食べたいなぁ。

皆さんこんばんは。花澤香菜です。「パン欲」、知らない？　三大欲求は知ってますか？　睡眠欲、食欲、性欲。このほかにあるんですよ。パン欲っていうやつが！　坂本さんにも備わってるはずだよ！　呼び起こされてないだけで。私と話してたら、きっとパン欲がぶわぁ～って出て来るときがくるよ。楽しみに待ってて（笑）。『パン欲』は、著者の池田（浩明）さんが日本全国のパンの聖地をめぐる本なんですが。そう、聖地があるんですよ、パンに。北海道から沖縄までパン通には主要と思われるパン屋さんに行きまくる。で、池田さんはそのパンの旅が終わるまでパン以外は食べられないっていう足かせを自分に付けていったんですが、その情熱もあって、パンの描写がすごく美味しそうなの。

（坂本に）貸しますよ？　２週間くらい持っていいからさ！　すごいね。やっぱ極めると皆さんかっこいいですね。

私のパン欲ってどこに存在するんだろうって思ったんですが、パンを食べたいというより、パン屋さんに行きたい。夜中に、「あ、明日、どこのパン屋さんに行こう」とか、「明日の朝はあそこの収録現場だから、そこから行きやすいパン屋さんで」とか。どこのパン屋さんに行こうかと考えるのが、すっごい楽しい。それが私の「パン欲」。いいね。**「それが私のパン欲」っていう歌を出せそう**（笑）。

・・・

翌年の誕生日SPでは、満を持して『パン欲』の著者・池田浩明がゲストに。マニア同士のディープな会話が繰り広げられました。

花澤　母がパン屋さんで働いていて、私も高校生のときに（パン店で）アルバイトしていたことがあって。パンが好きだな、という認識はその頃からあったんですが、食べ続けていたらどんどん太ってしまって。1年前くらいまで、泣く泣くパン屋さんの前を通り過ぎるのをやめて、**パンを見ないように生活してきたんです。**

池田　そんなことできるんですか（笑）？

花澤　そんなときに、雑誌のパン特集が目に留まったんですね。そこから私の潜在的パン欲が、ぶわわと開花してしまって。それで、大人なんだから、**痩せるためにはほかにもいろいろ方法がある。こんな楽しいパンの世界があるのに、このまま人生過ごしていたらもったいない**って、自分に言い聞かせることにしたんです（笑）。

池田　そりゃそうですよ。（パンを我慢するくらいなら）**デブキャラでもいいじゃないですか。**

（ここから池田の経歴についての話）

花澤　池田さんはパリにいらしていたことがあるとか。

池田　もともと潜在的にパン好きだったのが、本格的に目覚めたのはそのときで。パリってパン屋さんがすごく多いんですよ。街角に1店ずつくらいあるんですけど、歩いてると素通りできない。あまりにも美味しすぎるんで、必ず入って確かめたくなってしまう。で、**パリに行った者はみんなそうするんだろうと思っていたんですが、僕だけだったみたいです。**

花澤　そこからパン欲がむくむくと生まれたんですね。池田さんの本を読んでいるとパンに対する表現が豊かすぎて、「このパン食べたい！」って思わせてもらえるんですよね。それで池田さんのファンになってしまって。「バゲットをガジガジ食べる」とか、今まで意識することなかったけど、確かに。

池田　そうなんですよね、カリッと割れるのとかね。中から白いところがじわぁっと出てくるのとか、**そういうのがいいんですよねぇ。**

花澤　**私、Twitter[※1]（現：X）やってないんですが、池田さんのだけは毎日チェックしてます（笑）。**

・・・

花澤　最後にひとつ質問していいですか？　池田さんパンをたくさん食べるのにスラッとしてらっしゃいますけど、体型維持の方法は？

池田　**歩いてパン屋さんをめぐることですかね。**パン屋さん、結構遠かったりしますので。

花澤　そっか。歩いてめぐればいいんですね！

さて、リスナーさんから、パンについてのメールが来ているので、読ませていただきます。

花澤さんのパンへの愛に触発されて、10年ぶりに当時毎日のように通っていたパン屋さんへ行ってきました。昔好きだったシュガードーナツはなくなっていたのですが、そのほかの好きなパンをトレーに乗せ、楽しく買い物をしていました。すると店長夫婦が僕のことを覚えてくれていたらしく、今度特別にシュガードーナツを用意しておくと言ってくれました。（中略）ちなみに当時、毎日のようにシュガードーナツを買いにいっていたので、店長夫婦からは「砂糖くん」と呼ばれていたそうです。（たまご）

花澤　砂糖くん（笑）。かわいいですね。

池田　いい話ですねぇ。**パン屋さんって毎日行ける場所だからいいですよね。**

花澤　ほんとですよねぇ。

※1
その後、'15年3月にスタッフによる公式アカウントが開設された。
@hanazawa_staff

人気パンアニメの新キャラを考える。

第436回2020年3月26日

先日の『それいけ！アンパンマン』で、しょくぱんまんがこんなことを言っていました。「何て気持ちのいい朝なんでしょう。まるで、食パンに優しく包まれている気分です」。……これ、花澤さんですよね？　これならいつ出演依頼が来ても大丈夫ですね。（ポテト）

花澤　あはは（笑）。しょくぱんまんが食パンに包まれることとあるのかな？　家族団らんのときは、そうなる？　それを想像すると素敵だね。**自己肯定力ですよ、これ。**『アンパンマン』はそういうことも教えてくれる。

で、私だったら。うーん、出るならやっぱ（キャラは）パンがいいよね～。パンで出てない子、バゲットってどうなんだろうと思ったんですよ。

そしたらもういたのよね。「ムッシュ・フランスパン」と「マドモアゼル・クレープ」さんっていう、フランスパンの一族が。その子どもになるのであれば、明太フランスちゃんとか、バゲットショコラちゃんとかあるよね。**でもちょっと明太フランスちゃんになっちゃうと、**（明太子という和の要素が入ってしまっているから）**「お主、フランスか？」っていうのがある（笑）。**

で、**目を付けたのが、プレッツェルね。**ドイツからの刺客。プレッツェルくん。みんなが「なんかすげえ形してんぞ！」ってなる。シュシュシュってなってるあの隙間でみんなが遊ぶのよ。アンパンマンが通ったりするのよ、あそこを。で、ちょっとドイツ語も話せるっていうキャラにして。いいよね。

関係者の方、よろしくお願いします（笑）。

私の丹田にはおじさんがいる。

第180回2014年11月19日
第326回2018年2月15日

花澤　最近ね、お酒が美味しい（笑）。何か上手くいかねえなぁって思った日の帰りにコンビニでカップ梅酒を見つけたんですね。買って飲みながら夜道をフラフラ帰ってたら、何か楽しい。これいいなって思って、そっからですよ。家帰って飲めって？　いや夜風に当たりながら鼻歌も歌いながら、がいいんですよね。焼酎飲みながら道歩いてるおじさんの気持ちがわかったね（笑）。危ない？　私そんな変な酔い方しないよ？　……そう。じゃあやめよう（笑）。

・・・

最近ピラティスを始めたんです。**そろそろ内面からいい女にならなければと思って。**……目を細めないで（笑）。なので、体作りをしようと思って。ピラティスってさ、すんごい筋肉をジワジワ鍛える運動だったんだね。ヨガもやったことなかったから、知らなかった（笑）。

レッスンに入る前に、「あなた、まず姿勢を直した方がいいわね」って言われて1時間半姿勢をみっちり直されたんですが、そのおかげで私、ずいぶん姿勢を気にするようになりまして。なんか心なしかバストが上がった気がする。……いや、見ないで（笑）！　自分で言っておいて何だよって感じですが。

背筋、丸まってたんだね。肩が前に来てたの。それを後ろにすることによって、線が通って、胸もちゃんと前に出して堂々と歩けるようになりました。なので、これはきっといい結果をもたらすでしょう。今は肩こりしかないけれど（笑）。

もう、肩が痛くてしょうがない（涙）!!　反動なのかな？　朝起きたら、肩が「前に戻りたいよぉ」って言ってるんだろうね、ミッシミシいうの。でもこれ続ければ「あ、あの人なんか背筋がいいわ」って言われるようになるから。胸もでかくなってね。そこ重要！　いい女になりますから、私。

（久保Dから「いい女は梅酒を飲まない、路上で」のツッコミ）

飲むよ！　ハイヒールを片手で持ちながら、ルンルンみたいな。え？「浮かれた酔っ払い」？……いや、それがいい女だったら、それすらもいいんですから。まじです。これは私が実証して見せますから。**路上で梅酒を飲むいい女ですよ。**やめなさい？　はい（笑）。

・・・

先日開催したライブのMCでも話したんですが、ライブの前日にストレッチ要素を加えたピラティスをしてほしいってお願いしたら、じゃあヨガやりましょうかと。（ヨガで重要なのが）おへそから指3本めのところにある「丹田」なんだって。パワーの源。その丹田に意識を集中して動くと、安定するんだよね。ずーっと腕立て伏せの形とっててもプルプルしない。それを深い呼吸で1時間くらいストレッチし続けるのね。で、ヨガって瞑想とかいうじゃないですか。たぶん心の中の整理ができるんだろうね、それを続けてたら**丹田のところに何かが見えてきて。**

なんかモヤモヤ〜って何かが見えてきたんだけど、それが顔なの。なんか見たことある顔だなって。**よく見たら水谷豊さんだったの!!**

ちょっと、その死んだような目をするのはやめて（笑）。……待って！　ブースから出ないでー!!　私、『相棒』[※1]はちょいちょい見てたくらいで、水谷豊さんに対して特別な思い入れがあるわけじゃないけど、なぜか……。いや、それが水谷豊さんかはわからないけど、**私の丹田にはおじさんがいる。**

だから納得したの。よく「ちょっとおじさんっぽい」って言われるんだけど、この人のせいなんだろうなって。……あれ？　おかしいな？　初期の頃に戻っちゃったかな、私（笑）。**『ひとかな』第1回目に戻っちゃったかな？**

※1　水谷豊主演の人気ドラマシリーズ。変わり者の刑事・杉下右京とその相棒が難事件を解決する。

花澤、ラジオ愛の軌跡。

第296回2017年7月20日
第586回2023年2月19日
第596回2023年4月30日

ラジオにハマった話が番組で初めて出た回から、そのきっかけとなったアルコ&ピースの平子さん出演の番組に招かれるまで。花澤のラジオ愛の軌跡を振り返ります。

（雑誌に掲載されていたインタビューで花澤が語っていた）最近radikoでラジオ番組を聴くことにハマっているという話。著名な方たちの意外な一面や魅力を知れて刺激を受けるとのことでしたが、どなたのラジオ番組を聴いているんでしょうか？（中略）文化放送は心が広いから他局のラジオ番組でも大丈夫だと思います。（ミスターポスト）

花澤　いやいやいや（笑）。文化放送でいうと、『ユニゾン！～ジェネレーションS』[※1]がちょうどいい時間帯にやってるんですよね。次の日ちょっと遅くまで寝ていられて、生放送聴きたいなってときにやってて。それは聴かせてもらってますね。気持ちが明るくなる。この前、三四郎さんのラジオに花江（夏樹）くんがゲストに出てて、ずるーい！　って思いながら聴いてた（笑）。
あとはお笑い芸人の方の番組が多いですね。バラエティ番組って編集されるじゃないですか。本当に凝縮したものを私たちは見てるんだって思いましたけど。ああやってラジオで2時間くらいわーって話してもらえると隙も見えるし、バラエティ番組で見るよりもっと意外な一面とか魅力みたいなところとかいっぱい出てきて。**芸人さんのラジオ、すごく聴いてしまいます。**

・・・

※1　若手男性声優陣による文化放送の深夜1時の生ワイド番組。現在は放送終了。

そこから5年が経った'22年、さらに'23年の2年連続でTwitter配信の『ラジレート～ラジオとチョコレートは明治～』[※2]に花澤が参加。憧れのアルコ&ピースと共演を果たしました。

花澤　『ラジレート』の感想メールが来ているので、ちょっと読みますね。

第2回ラジレートバレンタインスペシャルの配信を見ました。花澤さんのラジオ愛は『ひとかな』でも存分に発揮されていますが、この配信でもそれがあふれ出しているのが印象的でした。（以下略）（服は着ているあんちくしょー）

花澤　これ楽しかったよ……**私にとっては、アルコ&ピースさんが、ラジオを聴く原点だったんですよ。**アルピーさんのラジオが『明るい夜に出かけて』（佐藤多佳子／新潮社刊）という小説に出てきて、興味を持って聴いてみたら本当に面白くて。平子さんの架空の自慢話がどんどん膨らんでって、2人の掛け合いでどんどん面白くなってくっていう。道端で聴いててお腹痛くなるくらいまで笑ったのは初めてでしたね。マスクしててよかった！　って思いました。こんなに楽しいことあるんだってくらい。そっからハマったんですよね。**その2人がいて、夢のようだった。**

だけど、バレンタインの放送だったのにもかかわらず、明治さんのチョコの話何にもしてなかった（笑）。あと、たぶんアルピーさんがいなくて（佐久間宣行、山崎怜奈、花澤の）3人だったら、ラジオの話をめちゃくちゃしてたと思うんだけど、アルピーさんがいることでまた違うムーブになって、それはそれで面白くて。あのアーカイブ、ずっと残してほしいなあ。

・・・

さらに'23年4月17日には、アルコ&ピース平子さんの番組に招かれるまでに。果たして、爪痕は残せたのでしょうか？

花澤　この前のラジオで告知した『おとなりさん』[※3]に、ゲストとして呼んでいただいたんですが、

※2
明治がスポンサードするうち4番組からパーソナリティが集まり、'22年9月23日、'23年2月10日に明治公式Twitter（現：X）とYouTubeでライブ配信されたラジオ番組。第2回は花澤のほか、佐久間宣行、山崎怜奈、アルコ&ピースの4組が参加。

※3
文化放送で平日8時～11時に放送されている帯番組。アルコ&ピースの平子祐希が月曜日のパーソナリティを務めている。

その感想メールが来てます。

『おとなりさん』に、パンの先生として招かれた香菜さん。坂口（愛美）アナがパンのプロフを読んでいる裏でアルピー平子さんとしゃべり倒していて、頭から痛いパンオタを炸裂させていましたね。〝パン吸い女〟を自称してノンストップでしゃべり続ける香菜さんに、悪いオタの狂気を感じてにやにやが止まりませんでしたが、かわいい声優さんだと思い込んでいたリスナーさんの幻想をぶち壊していないか心配になりました。『Circle』[※4]を流しても、曲のことに触れずパンの話ばかり。それなのに平子さんも坂口さんも「パンの妖精さんみたい」と好意的に評していて涙が出ました。（もみたろう）

花澤　はい。これね、私も自覚ありです。声優とか関係なく、パンの先生としてお呼ばれしまして。朝食にいいパンとか、このパンのここがおすすめみたいなことを、話してきました。事前アンケートもめちゃくちゃびっしり書いて、ちゃんとしたお仕事として行ったんだけど、**パンを食べている平子さんを見るっていう、私にとってのオアシス……？　私のラジオオタとパンオタの2つともが混ざっちゃって、朝のテンションじゃなかったね！**　聴き直したらはしゃぎすぎてた。人の話全く聞いてないし（笑）。怖い。……あんなんじゃもう呼ばれないよー！

いやー自分でもびっくりした。クロワッサンを食べてる平子さん、あのむっちりした手にちっちゃいクロワッサンが収まってて、それが文化放送の朝の陽ざしと相まって、**なんか平子さんがすごくいい宝を持ってるみたいな**（笑）。クロワッサンが光って見える！　みたいな状態になっちゃって。「ふあーーー！」ってなってたら、平子さんにちゃんと「朝から何言ってんだこの野郎」ってツッコんでもらえたから成立したんですけど、危なかったですね（笑）。

※4　'23年に発売された花澤香菜のシングル曲。

花澤香菜のラジオ漬け生活。

第456回 2020年8月27日
第458回 2020年9月10日

花澤はラジオをどんな風に楽しんでいるのか。リスナーも気になる、そのラジオ漬け生活のエピソードが語られた放送回をピックアップ。

前回の『ひとかな』でオンラインライブの開催が決まったときや、その前の「実は水着です」発言を聞いたときに、びっくりして大きな声を出してしまいました。そのときはひとりだったんですが、かつて電車でラジオを聴いているときに面白すぎて噴き出してしまい隣の人に変な目で見られたことを思い出しました。（中略）花澤さんもラジオをお聴きになるようですが、知らない人の前で噴き出したり、ツッコミを入れてしまったことはありますか？　もしあれば対処法を教えてください。（ちーどる）

花澤　ある。**家で聴いてるとテンションになっちゃうの。**それで、聴いてるとパーソナリティの人がすごい例えとか出してくるからさ。その例えがすごいわかるわかるってなるとさ、「はいはいはい、あれねー！」って言ってんだよね（笑）。ひとりで言っちゃってんの。

笑うのは、携帯でイヤホンしてて動画とか見てて笑ってる人とかいるでしょ？　だから、そんなにおかしくない。ただしゃべっちゃったときよね……。

でも最近さ、あんまり人目が気にならなくなったけどね。みんなマスクしてるしさ、なんかブツブツ言ってても気にならなくなったかもしれない。道端で歌とか歌ってる（笑）。帰り道とか、歌っちゃうねえ。

RHYMESTER聴きながらコール&レスポンスしてるもんね。今ね（コロナ禍の自粛期間中で）、お酒を飲みに行かないからさ。RHYMESTERの曲に『梯子酒』っていう曲があって、酔っぱった帰り道に聴くのが好きだったんだけど、今はできないから、舞台終わりに飲んだ気持ちになってノリノリで歌いながら帰ってる。それだけで疲れが吹き飛ぶ気がするんだよね。だから、対処法としては……もう、いいかもよ？　気にしないで（笑）。

・・・

香菜さん、ラジオ漬けの生活は続いていますか？　（中略）先日の放送で話されていた、外でラジオを聴いていてつい相槌を打ってしまうということ、その気持ちすごーくわかります。僕も外出先でよくラジオを聴いていて、パーソナリティの方の突拍子もないしゃべりや行動についツッコミを入れてしまいます。（中略）面白すぎて笑い疲れることもしばしばです。香菜さんはラジオを聴いていて笑い疲れた経験はありますか？（トンプソン）

花澤　あるよ、何回も。笑いすぎて疲れること。一番笑ったのはアルコ&ピースのラジオですかね。一度ツボにハマると全部面白くなっちゃって。**私は飯倉の交差点で笑いがこらえられなくてその場でじーっとしていたことがありますね**（笑）。じーっとしながらずっと笑ってました。アルピーさんは何かに紐づけて笑わせるのがすごくお上手なんですよね。

ラジオの種類にもよりますが、頭空っぽにできる、聴いてて心が安らぐラジオもあるし、この人の言ってることこういうところ取り入れてみようかなと思うようなためになる番組もあるし、いろいろですけど。

私も朝起きてからすぐラジオをつけて、移動中もラジオを聴き、お風呂に入ってる間も聞いてるから。面白い番組があるのはすごくありがたいことですよね。

『ひとかな』といえば？

やっぱり 神回 かな？

リスナーからの推薦も交え、
もう一度聴きたい『ひとかな』名トークを厳選。
笑いあり、迷言ありのエピソードをまとめました。

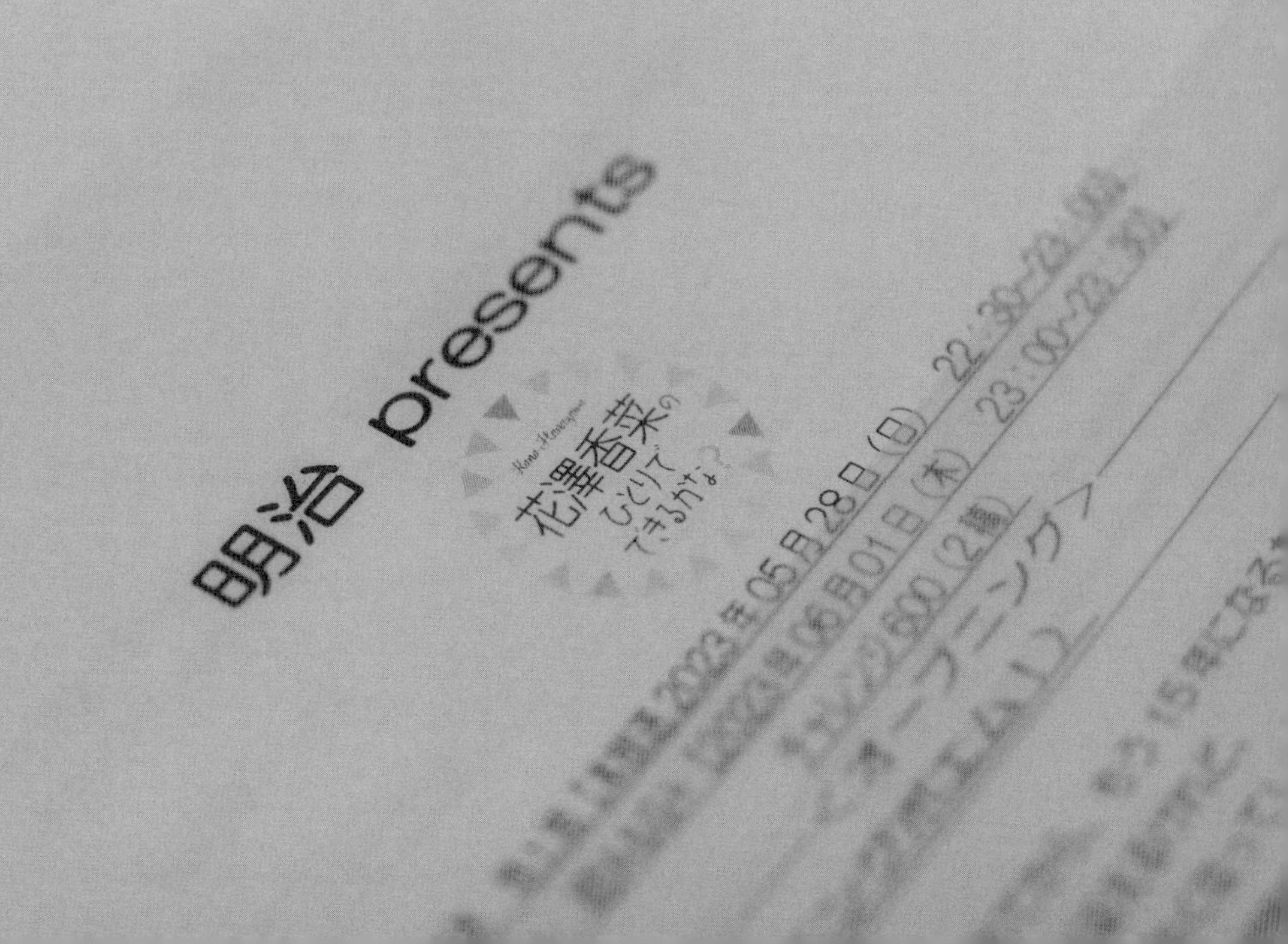

チャラ澤さんの〝神5〟を発表。

第157回2014年1月1日

戸松遥や竹達彩奈に続き、'13年は小倉 唯への愛が高まりすぎるあまり、周囲が心配するほどの〝愛情発言〟が際立ってきていた花澤。さらに大沢事務所の後輩・久野美咲が現れ、様相は混沌。'14年の抱負を「絞っていく」と決めた花澤は、ＡＫＢ48の総選挙よろしく、女性声優たちから推しの5人〝神5〟を選抜することに。恋多き女による女性声優総選挙の行方は？

花澤　あけましておめでとうございます。この収録の翌日から正月休みなので、浮かれ解放少女[※1]の花澤香菜です。そして、『ひとかな』は無事7年目に突入しました。今年は、ライブツアーなど大きい出来事がたくさんあるので、それをやりつつプライベートも充実できたらいいなと思っています。では「ふつおた」読みますね。

あけましておめでとうございます。『恋する惑星』毎日のように聴いています。そして、2ndアルバム『25』が発売決定だそうですね。香菜さんも今年で25歳。もう結構いい大人の女性になるにあたって、抱負はありますか。（とある男子校の天使）

花澤　……**「結構いい大人」って、結構くるね**（笑）。25歳って下の子から見たらだいぶ大人ですよね。私の所属する大沢事務所にも、日高里菜[※2]ちゃんとか久野美咲ちゃんとか、年下の子がいっぱい入ってきているんですよね。**かわいい女の子たちがね。**でもみんなさ、若いのに本当にしっかりしてるのよね。

それで久野ちゃんがかわいいのよ、また。今、——

【リスナーの推薦コメント】

僕が選ぶ名場面は、'14年1月1日放送分。前年の誕生日に小倉 唯ちゃんへの愛を叫んだものの、新星の久野美咲ちゃんが現れて、恋多き香菜ちゃんは悩みます。

そこで、この年の抱負を「絞る」に決めて、花澤神5を選定します。メンバーは久野美咲ちゃん、小倉 唯ちゃん、石原夏織ちゃん、日高里菜ちゃん、作家さんの推薦で丹下桜さん。殿堂入りとして、戸松遥さん、竹達彩奈さんの7人を選びました。

この1ヵ月後に、パンへの愛情を語ってパン期に突入するのですが、百合期を象徴するエピソードとして、この回を推薦したいです。（スミノリ）

久野ちゃんがヒロイン役を演じているTVアニメ『世界征服～謀略のズヴィズダー～』で共演しているんですが、この前監督のお誕生日があったので、みんなでお祝いしてケーキを食べたんです。でもケーキが人数分なくて、「みんなで一緒に分けながら食べてください」ってなったんですね。それで私がケーキの載ったお皿を受け取ってしまったので、最初に久野ちゃんに「あーん」ってしてあげたんですよ。そしたら「ありがとうございます！」って言ってくれて、それがすごいかわいかったんですけどね。で、次の女の子にまた「あーん」しようとしたら、**久野ちゃんが「私だけにやってくれたのかと思ってました……、ガーン！」みたいな感じになっちゃって。**これはちょっとダメだなと思った。私、誰彼構わず「あーん」とかしちゃいけなかったんだと、ちょっと反省しました。

……女心がわかってない？　本当だよね。これが、私が男だったら、「へー、そういうこと誰にでもするんだ？」ってなっちゃいますよね。久野ちゃんにそんなことを言われて、ちょっとトキメキつつ反省してしまいました。

だから、どうすればいいの？　**私は絞っていけばいいのかな？　狙いを**（笑）。でもさ、目の前にかわいい子がたくさんいたら、どの子にも優しくしてあげたくなっちゃうでしょ？

坂本　チャラいです。

花澤　チャラい？　**チャラ澤さんになっちゃいますか、私。**チャラいって言われるようになったらおしまいですね。でもさ、**ひとりには決められないよ！**　だってかわいい子がいっぱいいるんだもん！　どうしよう。……ちょっと反省します。（上着を脱ぐ）

坂本　なんで脱ぐんですか（笑）。

花澤　**なんだかしゃべってたら暑くなっちゃったよ。**というわけで、絞っていこう。**今年の大人の女性になるにあたっての抱負は「絞っていこう」**にします。

坂本　誰にします？

花澤　え、発表します？　私の好きな子を誰に

※1
花澤が出演したゲーム『解放少女』にかけて。

※2
日高里菜は当時花澤と同じ大沢事務所所属、現在はStarCrewに所属。

するかって？　待ってよ、そしたら公約みたいになっちゃうじゃん。でもほら**今年また新しい子が現れちゃうかもしれないじゃん？**　そしたら入れ替えるの？　え、いいんですか？　入れ替えちゃって。なんでAKB48の総選挙みたいになってるんですか。そんな女の子たちに順位とかつけたらダメでしょう。ダメですよね⁉

坂本　じゃあ5人に決めましょう。

花澤　どうしよう、困るー！（喜）　じゃあ、今回は年下限定にしましょうか。

やっぱり**久野ちゃんはもう結構よい存在……かなり愛でるので決定！**　推しメンですね。あと当然、**（小倉）唯ちゃんでしょ。（石原）夏織ちゃんもかわいいでしょう。**　あと2人。どうしよう。でもほら、新しい枠もあるしな。

坂本　全っ然絞れてない（笑）。

花澤　あ、**じゃあ戸松（遥）・竹達（彩奈）はもう殿堂入りにしよう！**　この2人は外せないですからね。もう戦わずして勝ってるみたいな感じで。あと2人は……うんうん、**里菜ちゃんかわいいですね。**うーん、もう1枠あるよ？　どうしよう、迷うね。決められないわ。……ちょっと考えてもいい？（久保Dから「坂本さんに決めてもらえば」の声）あ、じゃあ坂本さんの推しメンを入れようか？

坂本　いないですよ。

花澤　ええ、いないの？　嘘だ‼　7年前はあんなに戸松遥ちゃんが大好きって言ってたのに、**10代じゃなくなった途端にもうポイですか。**

坂本　そういう言い方はやめてくださいよ！

花澤　（笑）。……誰かいるでしょう？　おお、丹下（桜）さんですね？　丹下さんはもう殿堂入り枠に入っちゃう気もするけどね。じゃあ最後の1枠は作家の坂本さんの推しメン・丹下さんに決まりました。

では、決定しました‼　まず戸松・竹達は殿堂入りです。そして、'14年は**久野美咲ちゃん、日高里菜ちゃん、小倉唯ちゃん、石原夏織ちゃん、丹下桜さんを〝神5〟として、掲げていきたいなと思いますよ。**

大自然に生きた中高の思い出。

第360回2018年10月11日
第610回2023年8月6日

花澤の青春時代の思い出が語られた回。中学、高校時代の話になると、なぜか高頻度で虫ネタにつながってしまうようです。

『ひとかな』の放送が始まったとき、私はもうすぐ2歳の赤ちゃんでした。ちなみに今は中1です。香菜さんは中学生のときどんな女の子でしたか？　P.S.この前の中間テスト数学が学年1位だったので褒めてください。（香菜さん大好きな田中）

花澤　**今中1の子って、番組が始まったとき2歳だったの!?**　中学生になって自分の時間も意識するようになって。自分の部屋があったりするんだろうね。**そしてお母さんのいないところで、ゲヘゲヘとラジオ聴くようになると。**

坂本　なんですか、ゲヘゲヘって。

花澤　ゲヘゲヘしないの？

坂本　しますけどね。

花澤　するでしょ？　私もしてるもん、**歩きながらゲヘゲヘ。**そうか中1かぁ。かわいいね。でも「そんな子ども扱いしないでくれる？」ってなるかな？　「よしよし」してもいいの？

いや**中学生って結構繊細だよ？　私弟いるからわかるけど、家でずっと舌打ちしてたもん。**「チッチチッチ」って言ってた。今はマイルドな大人に育ってるので大丈夫ですけどね。

それで中学のときどんな女の子だったか。中学のときね、女子同士3人ですごい大爆笑しながら帰ってたんだけど、**口を開けた瞬間にこんなでっかい虫入ってきて。それを半分飲み込んだみたいな記憶がある。**「うえぇ」って出して、

「雑草の匂いがする」ってずっと言ってた。答え求めてないよね。だってひとかなネームが〝香菜さん大好きな田中〟さんだよ？　**申し訳ない……いや、気持ち悪いよね。**この子はこんないね、今の忘れて。

あと中学のときって、一番みんながアニメを見てた時期だよね。それこそ私は、**生徒手帳に当時大好きだったスポーツアニメのキャラクターのカードと高橋由伸[※1]のカードを一緒に入れてた。**そういう思い出。でも、学年1位よく頑張ったね！　褒めてあげる。

・・・

'23年8月6日の放送では、擬音のイメージとして高校時代の思い出が披露されました。

花澤　「涼しげ擬音コンテスト」！　聞くだけでも暑さが和らぐ涼しげな擬音を大募集。**私はやっぱり缶ビール開ける音、**プシューってね。夏はあれで「ふー涼しいぜ！」っていう気持ちになるよね。では、さっそく紹介しましょう。

涼しげな擬音を考えてみました。「ぴとっ」。イメージとしては暑くてへばっているときやぼーっとしてるときに、誰かが気づかれないように近づいて、ほっぺに冷たいペットボトルを当ててくれたときです。「冷たっ」ってびっくりするのもそうですし、誰にこれをやられるかも人によって妄想がそれぞれだと思います。（いっき）

花澤　はいはい、「ぴとっ」ね。私の場合「ぴとっ」は大体虫とかなんだよな。**高校生のときにさ、歩くのが遅すぎてナメクジが太ももまで登ってきてたことがあるんだけど、**やっぱりあのときは「ぴとっ」って感じだったよね。「ぴとっ」「……わあああっ」てなるあの感じね。あれは涼しくなる、確かにね。

やっぱりイケ女が缶ビール……じゃないや、缶コーヒーを「ぴとっ」ってね。夏はほっぺにやってあげるのが一番いいのかもしれないね。涼しくなれるしね。

※1　読売ジャイアンツで'98年～'15年まで活躍した元プロ野球選手。

番組の今後について公開生会議。

第472回2020年12月17日

'08年1月に放送スタートした『ひとかな』も、'21年には14年目に突入。そこで、'20年末の放送では、番組の今後について構成作家・坂本と真面目に話し合うことに。これまで大きな変化のなかったラジオの内容も、30代となった花澤の年齢や経験に合わせた内容へと進化するべきなのでは？　と、ディスカッションが白熱しました。

花澤　どうする？　作戦会議する？　「今後の『ひとかな』を考えようの会」をやろうよ。

坂本　『ひとかな』放送開始から、14年目にして初めての。

花澤　公開生会議だよ！　ちょっとね、坂本さんのいない間に、ディレクターと話したわけですよ。今後どうしようかって。

坂本　そんな真面目な話をしたんですか？

花澤　そうだよ！　だって裏で坂本さんと鬼畜Dの2人で話してたんでしょ？

坂本　まぁ鬼畜Dとは軽く話しましたけど。

花澤　今やっているコーナーも、そろそろリニューアルしたりする時期なんじゃないっていうことをね。あとはこのラジオを長くやるために、どういう方向性にしていくかっていう話をディレクターとしたわけです。でも、やっぱり坂本さんの意見もちゃんと取り入れたいじゃないですか。坂本さん的には、何かプランは考えてますか？

坂本　いきなりプランを出せと。

花澤　（笑）。いきなりプランは厳しいと思うので、何か意見を出してもらえたら。

坂本　そうですね。僕が思うのは、それこそ花澤さんが10代の頃から番組が始まって。「私、花澤潤ちゃん」のコーナーとかも、中身が変わらずずっと続けてるじゃないですか。

花澤　そうですね。もともとは「私、花澤海月ちゃん」でしたけど、でも、**もうずっと長谷川潤さんを目指してやっていますね。**

坂本　「長谷川潤さんを目指したい」っていう、あの瞬間的にポッと出たワードでずっと続けてきてるよね。それで、ふと思うのは、とりあえず番組開始当初から、とにかく「勢いでやっとけ」みたいに始まったコーナーって、最近いい意味で鳴りを潜めてきたなと。まぁ花澤さんが大人になったじゃないですか。

花澤　うん、大人になった。

坂本　っていう意味で、今の花澤さんに合ったコーナーを次に考えて、続けてやっていくべきなんじゃないかな。

花澤　すごく優しい言い方するね。

坂本　なんで？

花澤　**ディレクターには「もう潤ちゃんには伸びしろがない」って言われた**（笑）。「お前はもうあれでは成長しない」って。だから、ただの無茶ぶりコーナーをするよりも、もう少し今の私自身に寄り添った内容があってもいいかもしれないと思っているんです。

坂本　もっとリスナーさんに寄り添ったものでもいいよね。

花澤　確かに。リスナーさんの話ももっと聞きたいよね。

坂本　やっぱり10代で人生相談はなかなかできないけど、今の花澤さんだったらもっとできるでしょっていう。

花澤　うん、人生相談か。**今だったらすごくイライラしたことにも共感できるだろうし、困ったことにも何か言えるかもしれない。**って考えるといいですね。リスナーさんからエピソードを送ってもらって、それに私が反応するっていうのはアリだと思う。

坂本　あとは前回のクリスマス会でやりましたけど、リスナーさんもやっぱり経験を積んできたのもあって、川柳みたいに一生懸命ネタを考えて送ってくれるっていう土台ができあがっているので。**例えば1個は完全なネタコーナーがあってもいいかもしれない。**

花澤　今までだと、私がその当時に出演した作品に紐づいたコーナーをやっていて、それが割とネタコーナーになってましたよね。川柳もそうだし、「こばと。がんばります!!」のコーナーとかもね。

坂本　懐かしい。溜めるための金平糖をいっぱい買いました。

花澤　金平糖ね。あとは100円貯金とかもしてたもんね。

坂本　100円貯金は「花澤ざんげちゃん」ですね。これも懐かしい。

花澤　そういう感じのコーナーを新番組と紐づけて新しく作ってもいいよね。**あと私、恋愛相談も割と好きなのよ。**私だけかもしれないけど、盛り上がれる。

坂本　いやいや、**僕も盛り上がりますよ?**

花澤　本当？　坂本さんはそう言うけど、**出席率が低いから**ね。私がひとりで盛り上がれるコーナーも欲しい。あとはやっぱり「ふつおた」のコーナーで、「割と私もいろいろ言えるようになってきたかな?」って思い始めてるから、もうちょっとフリートークを長くしてもいいかもしれないなって思ってる。

坂本　なるほど。芸人さんの番組だと、本当にフリートークが主ですもんね。

花澤　そうなの。2時間番組ならひとり30分ずつ、1時間くらいしゃべっていたりするもんね。私にも相方がいればいいですけど、そういう感じではないからね。もちろんネタも好きなんだけど、私はいろいろなラジオを聴いていてフリートークが長い人好きだなって思うから、**フリートークを長めにしたい。**

坂本　なるほどね。では14年目はこんな感じでいいですか？

花澤　そうだね。ちょいリニューアルしていこうっていう話ですね。だから来年も、よろしくお願いしますっていうことですよね。**進化し続けるラジオを目指して**頑張りますか。

恋愛相談で女子力の低さが露呈。

第589回2023年3月12日
第593回2023年4月9日

少し前に恋愛相談をした中1女子です。香菜さんの言う通りバレンタインにチョコをあげたのですが、彼がめっちゃ喜んでくれて今度遊びに行くことになりました。ぜひ男の子（付き合ってない）とのデートの鉄則を教えてください。（きゅんきゅん）

花澤　チョコあげてくれたんだね、嬉しいな。私が中学生のときはショッピングモールに行ったよね。で、やっぱりゲーセンは外せないね。**ぬいぐるみを彼に獲ってもらって、次の日、カバンにそのぬいぐるみを付けて学校に行くのよ。**

え、プランの話してない？　じゃあ、デートの鉄則って何？　**山でデートだったらちゃんとスニーカー履いていくとか？**　……わかった、髪の毛！　髪の毛サラサラツヤツヤ、あとはうなじを見せるというのがいいんじゃないでしょうか？　男の子でポニーテールが嫌いな子はいないでしょう？　**はい、デートの鉄則「ポニーテール」。**それと朝シャン。朝シャンをしていったらシャンプーの香りでクラっとくるね、男の子は。

あとは**おごってくれそうな雰囲気だったらお財布を出す。**……ちょっと待って、中学生でした。

でも結局、取り繕っても長持ちしないから、そのままの自分で行った方がいいよね。中学生はメイクもしないもんね。じゃあ、**お昼ご飯のはなまるうどんは、汁に気をつけて食べるとか。**

……誰か助けて！　恋愛の達人いないかな？

私はバレンタインチョコをあげるまでしかアドバイスできないや。きゅんきゅんごめん！　**こんなに冷や汗かくと思わなかった。**

・・・

その後、この恋愛相談に対して、リスナーからの大量のツッコミメールが。

香菜さんのあまりの女子力の低さにびっくりして初メールです。（中略）せっかく好意を持った相手とのデートなら、手作り弁当一択でしょ！（中略）自分はご飯以外すべて冷凍食品のお弁当を彼女に渡されたことがありますが、今や二児の娘を育てる自分の奥様です。（こたみか）

花澤　あらそうですか。それでゲットっていう感じなのかな？　ちょっと喝をいただきましたけれども、今時の子にも手作り弁当っていうのは通用するんですかって話ですよ。でも嬉しいか。自分のために用意してくれたんだもんね。**で、ららぽーとの屋外広場のベンチで食べるんでしょ？**　そりゃあいいよな。こういう発想がすぐ思い浮かばないのよ。え、次もそうなの？

デートの鉄則の話の件でメールしました。（中略）「君にしか見せてないよ」というギャップ的なものがあればいいですよね。制服ではなく私服で会うだけでも中学男子なら結構ドキドキなはず。そして花澤さんも話していたぬいぐるみのように、ちょっとした2人の秘密を作れたらいいですね。気合いを入れた何かは大概滑るので、肩肘張らずにデートを楽しんでください。（ミスター・ブヒドー）

花澤　100点！　これです、**これを言いたかったんですね。**本当に普段と違う髪型しただけでね、**このポニーテールから匂うシャンプーの香りね。**そして2人だけの秘密？　一緒に同じシャーペン買ったりするのかな。そういう誰にも気づかれないようなちょっとしたところでね。私じゃなくてリスナーさんが100点の答えを出してくれたので、ぜひよろしくお願いします。

永沢君とシンクロした日。

第607回2023年7月16日

〜オープニング〜

みんなは心の中に、『ちびまる子ちゃん』の永沢君、いたりしますか？

・・・

花澤　皆さんこんばんは。花澤香菜です。『ちびまる子ちゃん』の永沢君はね、顔が玉ねぎ型になっていて、「嫌だね」が口癖の卑屈な男の子です（笑）。

この前、自分の中に永沢君を感じた日があったんです。キャラソンですごく難しい曲を歌うお仕事の日だったんだけど、まずスタジオ近くのコーヒー屋さんに行ってチャイを買ったの。そしたら、店員さんがみんな爽やかで、「いい1日を！」って言われたわけ。それを「何かすごい押し付けてくんな、陽の風浴びちゃったな〜」って思った瞬間、**ひょいっとね、あの玉ねぎ頭が出てきたの**（笑）。「いい1日を」って言われて「嫌だね」って。「私はそんなのにはのらないよ、私は私の1日を粛々と生きるだけだよ、じゃあね」って感じで。

その後スタジオに入ったんだけど、曲が難しくてさ。「ニュアンスでこういう風にしてほしいんです」ってオーダーが来るわけ。それに忠実に応えるんだけど、心の中で「嫌だね」って（笑）。だってこんなに難しいんだもん、できるわけないじゃないかって私がいるわけ。口では「わかりました！」って言って、ちゃんとやるんだけど。

そういうのが続いて、曲はいい感じに録れたんですよ。でも、録れた曲を聴き終わった後に「どうでしたか？」って聞かれて、「何かいろいろ音外れてるところがあるんで、機械の力でお願いします」ってすごい卑屈なこと言っちゃって

【リスナーの推薦コメント】

私が選んだ名場面は、香菜さんと永沢君のシンクロ回です!!　卑屈になってる香菜さんが面白かわいらしく、クスッとなってしまいました。コーヒーショップの店員さんから、「いい1日を！」と陽の気を押し付けられたエピソードには、あるある!!　と共感。私の中にも、永沢君いるな……と思いました（笑）。

その他の永沢君エピソードも、リスナーさんからのお便りを紹介してる際にも、成仏したはずの永沢君がひょっこり出てきて面白かったです！（メグ）

（笑）。みんないいって言ってくれてんのに。「あああ、ダメだ、私。今日卑屈だ」って落ち込んでたら、私が卑屈モードなのを察してくれたのかな、スタッフさんが帰りがけに声をかけてくれて。私、バッグに隠れキティがいるキティちゃんの小さいチャームを付けてたんだけど、「あ、キティちゃん。かわいいですね！」って言ってくれたの。でも、またまた永沢君が出てきて。「いい年してこんなチャーム付けてすいませんね」って**心の中で言ったつもりが、本当に言ってた**（笑）。永沢君とシンクロしてた。玉ねぎと私が一緒になっちゃった。

帰り道、マネージャーさんが私をアゲようとしてくれたんですよね。「この周辺で美味しいパン屋さんありますかね？」って話を振ってくれて。そこでまた「アゲてくれてるね？」と（笑）。「私にパンの話を振れば、私がテンション上がると思ってくれているんだね？」（笑）。でもマネージャーさん、ちゃんと教えたお店へ行って、写真も送ってきてくれたの。そこで初めて永沢君がほわ～んといなくなって、蒸発した（笑）。「食べてくれてる、かわいい～」って思って。

・・・

続く「ふつおた」でも、永沢君が登場します。

（前略）僕が流しそうめんに憧れ始めてから今年で12年が経ちました。（中略）今年こそ流しそうめんを楽しみたいですが、友達がそうめんを流したくなるような誘い文句を教えてください。（ぼちぼっち）

花澤　簡単ですよ。ぼちぼっちさんが「俺が全部用意するから、来てくれるだけでいいよ」って言ったらＯＫ。でも流しそうめんって、どうやって作るの？　うそ、竹でやるの？（永沢君ボイスで）「あんなの作るの面倒じゃないか」。

坂本　もうほぼシンクロしてるから（笑）。

花澤　そもそもあれは楽しいのか……？（永沢君ボイスで）「今のは花澤だったんじゃない？」。そうだよね。**私、会話できるようになってる**（笑）。

感動のライブで、永沢君再び。

第6−5回2023年9月10日

'23年8月27日に行われた「Animelo Summer Live 2023-AXEL-」[※1]に、花澤が参加するアニメ『ロウきゅーぶ！』の音楽ユニット「RO-KYU-BU!」がサプライズ出演。グループとして10年ぶりのライブとなった感動の舞台でしたが、またも永沢君がカムバックします。

花澤 ライブ本番前にリハーサルがあったんですけど、仕事現場でグループとして5人（井口裕香、日笠陽子、日高里菜、小倉唯、花澤）で集まるのは、本当に久しぶりだったのね。ひよっちに、「久々だから香菜のいじり方忘れちゃったよ〜」って言われて、「またまた〜」とか返しながら和気あいあいとしてたわけ。そしたらひよっちがリハーサル直前に私のいじり方を思い出したらしくて、「ま〜た変な服着てんな！」って私の練習着をいじってきたの。いや、そんなわけないから、「またまた〜。好きな服着させろや！」って流して、そのまま鏡見たんだけど、「あれ？」と。**私の中の永沢君が、「おいおい、待て待て。適当に持ってきたな」と。**私、運動用のTシャツいっぱい持ってるんだけど、洗ってもシワにならないことを重視してチョイスするから、デザイン気にしないわけ。それと「今日RO-KYU-BU!しかいないしな」っていうのもあって、気を抜いてたの。

それで、いざパフォーマンスのリハーサルが始まって。最初全員が客席に背中を向けた状態からひとりずつ振り返っていくというフォーメーションで、最後が私なんだけど、「みんな、私の練習着ダサいと思ってるな」っていう被害妄想が働いちゃってるからさ。メンバーがどんどんひと

※1 '05年より行われているアニメソングのライブイベント。通称「アニサマ」。

りずつ客席を向いていく中、もう「見ないでくれ……見ないでくれ……」って思いながら（笑）。それで最後にバン！って私が振り返って、**会場が「うわ～～ダサ～～!!」ってなる演出みたいな**（笑）。

それから曲の途中で里菜ちゃんとフォーメーションをチェンジするんだけど、すれ違うタイミングで、10年前は2人で見合ってニコッてしてたの。10年経つからさ、照れながらチラッと見たら、里菜ちゃん、普通に下向いてた（笑）。そしたら、また**私の中の永沢君が「ほら、ダサいからお前のこと見てないいんだ」って**言ってきて、うわ～どうしようって思いながらやってたんだけど。そんな余計なこと考えてたのに、**私、完璧に踊れてたよね。**それくらい体に染み込んでたっていうね。……まだ話あるんだけど（笑）、どうしよ。いい？

それで本番よ。めちゃくちゃエモい気持ちになっちゃって。同じ時期に同じような悩みを抱えながら頑張ってて、10年後また同じ舞台に立ってるって、それ自体がすごいことじゃん？ 10年前の私たちが頑張ってきたから、今ここにいるってことじゃんって思ったら、ひとりずつ振り返っていく例のパフォーマンスが、本番できちゃって。唯ちゃん頑張った、里菜ちゃん頑張った、裕香ちゃん頑張った、ひよっち頑張った、私も頑張った！ みたいな。いいパフォーマンスがみんなでできたの。

で、次に自分のソロの衣裳に着替えなきゃいけなかったんだけど、（バックステージに戻って）脱いでたら、私のインナーの黒のキャミソールがなくて。衣裳さんに「花澤さんのキャミ、ないです」って言われて。確かに脱いだはずなんだけど、でも5人分の衣裳をまとめてくれてたから、そんなこともあるか～、インナーどうしようかなって思いながら衣裳を脱いでいたら、**黒のキャミが私のお腹の周りにくるくるくるくるくる～**って。**私が中心のバームクーヘン**みたいな。私、黒のキャミお腹に巻き付けたまま本番出てたの。これが10年か～って思ったよね。

帰ってきた！「解決できるかな？」。

**かつて番組内で多くの悩めるリスナーを救ってきた(!?)
お悩み相談コーナー「解決できるかな？」が、誌上復活。
番組で募集したお悩みに、大人になった花澤さんが答えます。**

● ● ● ● ●

お悩み01 周りに劣等感を感じる状況がしんどい。

私は今高校3年生でダンサーになることが夢です。進路もダンスの専門学校に決めていて日々奮闘中です。でも、レッスン後に動画を見返すと納得いかないことがあったり、自分より上手い子を見るといいなぁという気持ちになってしまったりします。最近はこの気持ちが大きくなり、早く自分が思ってるように踊りたいと焦りとして出てしまい、その状況が少ししんどいと感じます。そこで香菜ちゃんならこういったときどうするかアドバイスがほしいです。（みゅん）

嫉妬を糧に頑張る方法もあるけど、距離をとってみるのも手。

まず、私自身は高校生のときにみゅんさんほど真剣に向き合えていたものがなかったので、それだけですごいことだと思います。私が嫉妬を感じていたのは……そうだなあ、20歳以降になってからかな。声優の仕事をする上で、同い年くらいの子が急に増えてきたタイミング。私は本当に不器用なので、周りを見て「え、あの人うまっ！」ってなっちゃっていて。ただ、今になって思うと、当時はその嫉妬心を糧に頑張っていたところもある気がします。

今は、劣等感や嫉妬心自体を遠ざけちゃうんですよね。心が嫌な方向にざわざわするものには、すぐ距離をとって対処する。そうすると自分らしくいられるし、あえてそういうところに入っていかなくていいかなって思えるんです。

ただ、それって年齢よりも、自分のそのときの状態によるものだとも思うんですよね。

なので、**今のみゅんさんはどちらのタイプなのかってことによるかと思います。**嫉妬を糧にして頑張ることができる人だったらそれもいいし、心がざわついて、しんどすぎるのであれば、そういう情報や周りの人を避けるというのも手なんじゃないかな。

お悩み 02 娘が悩みを話してくれません。

僕には小学5年生の娘がいるのですが、学校の友人関係で悩みがあるようです。僕はそのことが心配なのですが、悩みを相談してくれません。センシティブなことは、母親に相談したいようです。僕は誰かに相談できるのはよいことだと思っていますし、その相手は決して、両親でなくても誰でもいいと思います。しかし、相談してくれないのは、寂しかったり、もどかしかったりします。一度、少し聞いてみたことがあるのですが、曖昧で歯切れの悪いことしか言ってくれませんでした。僕は父親として、どうするのがいいでしょうか？（りょんりょん）

ここから先の出番に備えてください。

悩み相談って、テーマによって向き・不向きあると思うんですよね。私の家は母が私と正反対の性格で、すごくはっきりしてる人。父はどちらかというと私と同じタイプで優柔不断。なので、私は苦しいときは絶対父にいくんですね。アドバイスしたりせず、ただ聞いてくれる。反対に、母はいいものはいい、ダメなものはダメとズバッと言ってくれたり、強い対処をしてくれたりする。声優事務所に入ることを、力強い言葉で後押ししてもらいたくて相談したのは母でした。

小学生の娘さんの人生はまだまだ長いです。きっと、ここから先りょんりょんさんの出番が来るはずです。今はお母さんが彼女に寄り添えるターンってことじゃないかな。

でもまあ心配ですよね（笑）。**お母さんから細かく状況を聞きながら、一緒に考えていったらどうでしょうか？**

お悩み 03 食べ放題が上手に堪能できません。

僕が最近悩んでいることは食べ放題です。僕は食べ放題で必ずカレーライスを食べてしまい、ほかの食べ物が全然入らず、後から後悔することが多いです。どうすれば上手に食べ放題を堪能できるでしょうか。（さゆひなベーカリー）

そのまま、わんぱくでいてください！

私は、むしろさゆひなベーカリーさんくらい、欲望に忠実になりたい！　でも、どうしても元をとろうと思って高いものをとったり、せこいことしてしまいます。いつも気づくとプレートが「せこい」で埋まっている（笑）。そう考えると、いきなりカレーライスって、一緒に行ってる人にとっては最高に楽しいと思うんですよ。なんかわんぱく！　そのわんぱくさんのままでいてほしい。**上手に食べなくていいと思う（笑）。**

お悩み 04 人と距離を詰めるのが苦手です。

私は初対面の方と話をするのが得意ではありません。「いきなりフレンドリーに接したらウザいと思われないかな」とか不安で、距離を詰めるのに時間がかかります。何かいい打開策はありますか？（コロネのカクテル）

距離を詰めるって、どういうことなのか。私もいまだによくわかってないんです。どこか遠慮してしまう。ただ、例えば学校だったら体育祭や文化祭、会社だったら何かのプロジェクトなど同じ困難を乗り越えたときに、心の距離近づいてるな、って瞬間がいきなり訪れたりするじゃないですか。そういうことかも？

でも、誰でもいいんじゃなくて、特に仲良くなりたい人がいるってことかな？　人に好意を持たれて嫌な人ってあんまりいないと思うんですよね。だから、**君と仲良くなりたいっていうのを、無理なくアピールできれば一番いいんですけどねえ**。うーん、ごめんなさい。私もまだ悩んでいます……(笑)。

お悩み 05 失恋しました。まだ望みはありますか？

中等教育学校に通っていて、僕は今、中等４年生（高校２年生）です。本当は今頃青春を謳歌してる時期だと思うのですが、なんと失恋をしてしまいました……。（中略）僕は１年生の頃からその子のことが少し気になっていて、先日思い切って手紙を書いて告白をしたら、「とても嬉しかったです。でも今は、勉強が忙しいからごめんなさい」と手紙で返事がありました。そのときはちゃんと理解し、諦め、勉強をしながら、たまに花澤さんのラジオを聴いて過ごしていましたが、本当はまだ諦めきれていません。チャンスはまだあると思うのですが花澤さんはどう思いますか？（風音）

今は耐える時期。ラジオを聴いて頑張れ！

気持ちはわかるけど、諦めた方がいい(真剣)。

LINEで一言「ごめんね」で済ませることもできたはずなのに、風音さんを傷つけないために一生懸命文章を考えて、お手紙にしてくれたわけだから、相手のその気持ちもちゃんと受け取ってあげてほしいかな。きっとめちゃくちゃいい子なんだろうね。でも大丈夫。ここから先、まだまだたっっっくさん出会う人いるから！

失恋は時間が経たないとどうにもならないので、今は耐える時期だと思うけど頑張りましょう。ラジオを聴いて気を紛らわせてください(笑)。

『ひとかな』といえば？

やっぱり
ゲスト
かな？

ゲスト回では、声優仲間はもちろん、
あの有名監督まで番組に登場。
花澤とのゆるい掛け合いが楽しかった8回をお届けします。

辻あゆみの花澤への愛を量る。

第9回2008年4月30日
ゲスト：辻あゆみ

花澤　私とあゆたんは仲良しなんですが、何度言ってもスタッフのみんなが疑いの目を向けてくるので、あゆたんに私に関するクイズを出題します。題して「花澤香菜好き好き度チェック」。あゆたん、全問正解するのが義務ですよ。
辻　何、義務って？
花澤　このラジオを聴いている人はみんなわかる。
辻　できる限り頑張ります。
花澤　では、第1問。花澤香菜がイメージする大人なもの代表といえば？
辻　私2つ3つ聞いた。……バルサミコ酢？（ピンポンピンポン）
花澤　ありがとう。一時期、本当にバルサミコ酢を鞄の中に入れていたの。
辻　本当に？　それはぜひ見たかった。
花澤　じゃあ2問目。花澤香菜が今年の夏目指しているものといえば？
辻　……水着の写真集を出す？（ブー）
花澤　正解は「水際のエンジェル」。
辻　ちょっと待って！　それはわからないよ。
花澤　**私はね、水際のエンジェルになるの。**
辻　ちょっと待って「なるの」？「なりたい」じゃなくて「なる」の？
花澤　**だって、もうなりかけているもん私。**
辻　例えばどのへんが？
花澤　わからない？　**このしぶきを受ける感じ。**
辻　どこから？　どこから？　後ろの方から？
花澤　頭から。**私が通るたび水が付くみたいな。**
辻　**じゃあエンジェルになったら遊ぼうね。**
花澤　ＯＫ。なったら水際で遊ぼうね。では第3問、花澤香菜は何タイプの人間でしょう？
辻　好きなタイプじゃなくて？　えっと……ニ

ユータイプ！（ピンポンピンポン）

花澤 なぜわかった。

辻 ごめん。答えといて悪いけど、何でニュータイプ？

花澤 どっからどう見てもニュータイプじゃん。

辻 もふもふタイプとか、そういうのかと思った。

花澤 そんなタイプはない。

辻 **香菜ちゃんのことだからラジオ内で新しいタイプを作って言ってそうだな**と思ったけど。

花澤 でも合ってたね。では第4問、花澤香菜はレバ刺しを食べると何が出る？

辻 レバ刺しは確か食べられる。食べられないのは砂肝だから……幸せオーラ？（ブー）

花澤 惜しい。**うまうまフェロモン。**

辻 フェロモン？ フェロモン出てる？

花澤 で、出てるよ、見えないの？

辻 （レバーを）すごく幸せそうに食べているから、オーラかと思った。

花澤 幸せそうに食べてる後ろでフェロモンが放出されてるの。うまうま〜うまうま〜って。

辻 うーん、フェロモンはわからない。

花澤 わかるよ！ 水際のエンジェルだもん。

辻 **水際のエンジェルだったらフェロモンがわかるの？** フェロモンは、あと1年大人になって20歳を超えたらね。じゃあ今のは三角にして。

花澤 やだよ。はい、第5問。花澤香菜が萌える男性の三種の神器は何？

辻 はーい！ 黒髪、短髪、眼鏡！（ピンポンピンポン）イエーイ！ 早かったでしょ。……何その無言の、ちょっと気に食わないみたいな。

花澤 ……何でそう思うんですか？

辻 日常会話でいっぱい出てきてるじゃん。

花澤 変えようかな、これ。

辻 そんな理由で変えないでよ。

花澤 以上で、好き好き度チェックは終了です。結果は、3問正解！ ……だから何％？

辻 60％。……香菜ちゃん？

花澤 もう何％とか全然わかんないし。まぁ半分以上は理解しているんだね。

辻 何、その軽く上から目線（笑）。

川澄綾子の国盗り指南。

第35回2009年4月29日
ゲスト：川澄綾子

花澤　今日のゲストは大沢事務所の大先輩、川澄綾子さんです。

川澄　お腹を痛めて生んだ子ども、**母のような気持ち**で見ています。

花澤　お腹を痛めた子ども（笑）。番組では、20歳の誕生日回に「酒は飲んでも飲まれるな」というコメントをいただきました。

川澄　それしか思い浮かばなかったのよね。**20歳イコール酒。**

花澤　佐藤利奈さんも同じコメントをくださって。

川澄　利奈ちゃんのほうが全然飲むからね。私はもうお酒やめたんですけどね。**何度か失敗を繰り返して**、30歳ぐらいでやめようじゃないかと。

花澤　そうなんですか？　『PandoraHearts』[※1]の打ち入りのときが面白かった。川澄さんがワインを飲みながら、すごく目がキラキラしてて。

川澄　あれが序盤のいいところで、あれを過ぎるとダメですからね。

花澤　ニヘラニヘラしていましたね。

川澄　空きっ腹にスパークリングワイン飲んじゃったんだよね。

花澤　かわいかった。

川澄　**香菜ちゃんが「ちょっと大丈夫？」という目で私を見ていた**（笑）。それで、香菜ちゃんに心配かけちゃっているなと思って、ウーロン茶に変えようとウーロン茶を持ってきたつもりが、カシスウーロンだった。

花澤　（笑）。あとは20歳過ぎてから、お酒を飲みに連れて行ってくださって。

川澄　日本酒飲みましたね。

花澤　ちょっと飲んで「カッ」ってなりました。

※1　'09年放送のTVアニメ。川澄と花澤が共演。

川澄 私もお酒弱いんですけどね。

花澤 はい（笑）。ではお便り読みます。

川澄さんから見て花澤さんは大人に近づいていると思いますか。また、これからも香菜さんに持ち続けていってほしいものってありますか。（南の方から来たシ者）

川澄 いや、香菜ちゃんは最初から大人だよね。**私よりも大人のような気がする。**私、いろんな場ですぐつまらなそうにしちゃうけど、香菜ちゃんはそういうことないもんね。

花澤 多分、何も考えてないんだと思いますよ。

川澄 私、あからさまに顔に出ちゃうんだよね。**「ケッ」て思うのがね、顔に出るんだよね。**自分でわかるもん。ごめんね、見習わないでね。

花澤 でも、川澄さんのそういうところもかっこいいですよ。

川澄 **「今話しかけたら殺す！」**みたいな感じでしょ？

花澤 そうそう、殺気を感じる。

川澄 中学生の頃からそうです。

花澤 「ケッ」って思ったら。

川澄 絶対譲らない。香菜ちゃんは「柔は剛を制す」みたいな？　**ニコニコ笑いつつ、実は皆を手のひらの上で転がしている**感じがあるよ。

花澤 腹黒いじゃないですか。

川澄 腹黒いんじゃなくて。きっとここにいる大人はみんなそうだと思うよ。

花澤 えー！　いやいやいや。

川澄 いいことだよ。**いい女の条件**みたいな。

花澤 本当ですか？

川澄 **歴史を動かせるよ。**手のひらで豪騎士たちを転がして……。まぁこの前『レッドクリフ』※2見たからなんだけど。

花澤 あの戦争を起こさせるぐらいの。

川澄 「私、あの国欲しい」とか言っちゃえばいいんだよ。

花澤 **強欲ですね。そんな大人になります。**

川澄 ぜひお願いします。

※2
'08年に公開された中国映画。「三国志」の赤壁の戦いを、アクションを交え壮大なスケールで描く。

「動揺する早見」をほしがる。

第37回2009年5月27日
ゲスト：早見沙織

花澤　「香菜に胸キュン！」。キュン！　皆さんこんばんは。胸キュンガールの花澤香菜です。
早見　こんばんは。**胸キュンガールの早見沙織です。**
花澤　ありがとう（笑）。全然違和感なかった。
早見　引き継いでしまいました。
花澤　このコーナーではリスナーさんから届いたおすすめの胸キュンシチュエーションを私の独断と偏見で判断していきます。
　ひとかなネームテトリスプロジェクトさんからいただいた胸キュンシチュエーション。

♪～友達と一緒に生まれて初めてのカラオケに来た女子高生。自分の番になって普段口ずさんでいるお気に入りのアーティストの曲を歌っているとき、店員さんが飲み物を運んできたら、突然真っ赤になって下を向いてしまい、それでも小声で必死にコソコソ歌い続ける。その様子に周りのみんなもキュンとしてしまうのでした。

花澤&早見　かわいい～～～。
早見　**初カラだと、緊張しますよね？**
花澤　「初カラ」って言うの？
早見　今作ってみました（笑）。〝初めてのカラオケ〟だから初カラ。香菜さんってカラオケ行かれますか？
花澤　カラオケ行くよ～。
早見　途中で店員さんが来たときは、どんな感じですか？
花澤　歌うのやめちゃうかな。
早見　私もやめちゃいますね。でも店員さんが来てもなお熱唱、みたいな人もいますよね。

花澤　ドリンクバーに行くと、そういう声が外から聞こえてきたりね。B'zとかアツい曲熱唱していて、ドアを開けられて、さらに「行くぜーーー！」ってなってる（笑）。でも、それをコソコソ歌い続けていたら……。

花澤&早見　かわいい〜〜〜。

花澤　やろう？

早見　やりましょう。赤くなんないといけないんですよね。香菜さんって赤くなるタイプでしたっけ？

花澤　赤くなるね。**でも私、暑がりなんだよね。**

早見　それって因果関係あるんですか（笑）？

花澤　赤くなって、暑くなって、汗が出てくるっていうね。**汗がないといいんだけどね！**

早見　わかります。汗かきたくないですよね！私、あんまり赤くならないんですよ。

花澤　冷静なんじゃないの？

早見　「動じないよね」ってよく言われるんですが、実はダメですね。小さい頃、ヒーローショーで母親に無理やり敵を倒す役に立候補させられても、絶対にやらない！みたいな。人前に出たがるタイプじゃなかったです。でもあんまり赤くならないから、動揺してるのがばれないんですよ。

花澤　そっかあ。それ出していこうよ。動揺していこうよ。でも動揺してる早見ちゃん、想像つかないなあ。

早見　急にパンッて振られたりすると動揺してしまいます。

花澤　え、そうなの？（喜）じゃあ……。

早見　**あ、やめてください！**（動揺）

花澤　（笑）。じゃあ、これ何キュン？

早見　私は4キュン。

花澤　私は5キュンで。9キュン。響きがいいですね。テトリスプロジェクトさんには干し芋子クリアファイルをプレゼントします。

早見　私も干し芋子クリアファイル欲しいな。毎日使います！

花澤　ほんとに？　じゃあ、また来て！

花澤&井口のかわいいところ大発表！

第49回2009年11月11日
ゲスト：井口裕香　横浜国立大学常盤祭にて公開収録

花澤　今日はリスナーさんに花澤・井口のかわいいと思うところをアンケートで答えてもらいました。それを集計したランキングの上位5位を、自分で予想するというゲームをします。

井口　なるほど。自分で自分のいいところを挙げて、**「井口さん、そこが自分のいいところだと思っているんだ」みたいな空気になるわけね。**

花澤　そうだね。ではさっそく裕香ちゃんから。

井口　まずは真面目に、「モノマネをやる姿」。（ピンポンピンポン）

花澤　1位！（答えをめくる）待って、ちょっと違ったよ？**「似てないモノマネ」**。

井口　複雑……。（板東英二のモノマネで）**「ほんばにね、似てない言うやつがここにおるけどね」**

花澤　それ**公録でやって大丈夫なの？**

井口　多分。次は香菜ちゃん。

花澤　何でしょう……「丸い顔」？（ブー）

井口　「身振り手振りが多い」。（ブー）

花澤　**「目」**！（ブー）

井口　**香菜ちゃん、どうしたの立ち上がって。**

花澤　何かね、**いたたまれなくなった。**

井口　次。私はたまにキャラクターで歌を歌いますが、見事にオリジナルな音痴の歌い方をします。下手だけど、聴くほどに「味がある」。（ピンポンピンポン）複雑だよ……。

花澤　2位だよ！　2位**「キャラの声」**。

井口　それは嬉しい。キャラが愛されているのかな。

花澤　じゃあ、私も「声」！（ブー）

井口　（笑）。**香菜ちゃんがスタジオからいなくなりました。**

花澤　これ、**声優としてダメなんじゃないの？**

井口　そんなことない、そんなことない！　次、井口のいいところ！　……足が速そう。（ブー）
花澤　終了ー！
井口　花澤さんのいいところってなんだろうね。
花澤　答えを見てみよう。第5位「**その存在**」。
井口　すごい！　声も容姿も、すべてが入っているんだよ！　じゃあ井口のいいところ第5位。
花澤　「**アスミス**」[※1]。
井口　何だろう複雑だけど、**私はいろんな人に支えられて生きているんだなっていうのをすごく感じた。**ということで、花澤香菜の第4位。
花澤　……「**年下に先輩風を吹かせるところ**」。
会場　かわいいよ！
花澤　かわいくないよ！
井口　じゃあ井口の第4位、「**スベってもへこたれないところ**」（笑）。私も存在がいいとか言われたい……。次、香菜ちゃんの第3位。
花澤　「**アニメのキャラとラジオでのギャップ**」。
井口　ギャップ萌えですよ。井口の第3位は「**相手のトークに適当に返すところ**」。今の感じを見たらそうだよね。香菜ちゃんの第2位。
花澤　「**番組で、戸松さんの話で拗ねるところ**」。
井口　2人が仲良く話してるのはよく見るけど。
花澤　番組の作家さんが戸松のこと大好きで、戸松の話ばっかり振ってくるの。
井口　拗ねてる（笑）。そして香菜ちゃんの第1位「**番組作家に対して、ドSなところ**」。
（**会場拍手**）
花澤　違うよ、作家さんがMなだけだよ！
井口　作家さんに応えてあげてるの？　**でもそれってSなんじゃない？**
花澤　優しさだよ。
井口　ということで全部出ましたな。
花澤　何か参考になったね。
井口　香菜ちゃんの所々ちょっとツンってする部分だったり、でも女の子らしく拗ねるところだったり、そして最終的にはその存在すべてがもうかわいいっていうのは、もう何をやってもいいってことだよ。
花澤　**ようし、みんな飲みにいくぞ！**

※1　井口との親しい仲が知られる声優・阿澄佳奈のこと。

第141回2013年5月22日
ゲスト：新海誠

〝ダメ女花澤〟を新海監督に目撃される。

～オープニング～

今日は新海監督が『ひとかな』にいらっしゃる！　ということで、ルンルンとカフェに行ったところ、なんと、後ろに新海監督が並んでいるではないか！　華麗に挨拶をしてお会計……**ちょ、待てよ。お財布がレシートでパンパンやないかーい！　この、ダメ女が！**　絶対見られたやないかーい！

そんなオープニングトークから始まった新海監督ゲスト回。「ふつおた」でも、〝ダメ女〟がテーマのリスナーメールが続きます。「ごみを分別できない姉が、家をごみ屋敷にしている」という投稿に自分だけではないと深く安堵する花澤でしたが……。

花澤　ごみ屋敷にはならないな、まだ。**ちゃんとごみはごみ袋に分別して捨てている。燃えるごみ、燃えないごみ、ペットボトル、びん・缶、という風に袋を4つ並べています。**でもごみ箱はないわ。……え？　かわいいカラーの？　統一性のあるごみ箱を？　**そんなの買うかい！**　（ブース外のスタッフおよび新海監督に向かって質問）ごみ箱を揃えているという人、手を挙げて。……なんと、男性しか手を挙げておりません！　女子が私の味方だった。よかった。安心！

（小倉 唯ネタ[※1]のジングル後に新海監督登場）

花澤　皆さん、お待たせしました！　今夜のゲスト新海誠監督です。いらっしゃいませ～。

新海　素敵なジングルですね。**どう受け止めればいいんでしょうか。**

※1　この頃、小倉 唯への愛を募らせた花澤の発言を切り取ったジングルが複数種存在していた。

花澤　受け止めなくていいです。跳ね返していただければ……！　しょっぱなからダメ女の話をしてしまいましたが、統計をとったところまさかの女性スタッフは全員分別用のごみ箱を持っていないという。新海監督は持っている方に手を挙げていらっしゃいましたよね？

新海　うちはちゃんと分別して、同じ色のごみ箱で統一しています。**……これ何のラジオなんですか？　社会学？**

花澤　主に私が安心して元気になるという（笑）。新海監督がダメ女……この人ずぼらだな、と思われる瞬間ってありますか？

新海　スマホのソフトウェアアップデートの通知が１００とか溜まってしまっている人（即答）。こまめにアップデートしないと脆弱性とかいろいろありますから。あれはダメですね。

花澤　……実はちょうど収録が始まる前に、最近アップデートしたらアプリがとても使いにくくなってしまったという話を作家さんと話していたところでした。

新海　あー……。

花澤　こまめにアップデートしてたらそんなことにはならないわけですよね。

新海　スマホは道具ですからね。ある程度メンテナンスするという発想は必要ですよね。

花澤　どうもすいませんでした……！（焦）監督は正直、花澤はダメ女だな、と思われた瞬間ってありますか？

新海　僕は、花澤さんとは何度かご一緒していて、何て素敵な方なんだと。本当にお仕事のできる方だと思っていたんですよ。

花澤　あら、ありがとうございます！

新海　で、**今日文化放送に来る前にカフェに寄ったら、僕の前にレシートで財布をパンパンにした女性がいて。花澤さんだったんですよ**（笑）。

花澤　これは早く隠さなきゃと（笑）。お支払いした後、あまりお話もできず。

花澤　僕も、まずかったのかなと思いまして。何でしたら先に文化放送へ行ってくださいと。

花澤　ダメなところを見られてしまった！

中尾衣里、名物コーナーに終止符を打つ。

第150回2013年9月25日
ゲスト：中尾衣里

花澤　**「全部最終回！　サヨナラ名物コーナー」**。今夜は、しっかりと終了告知をしないまま何となくやらなくなってしまったコーナーたちを、中尾さんを巻き込んで一気に終わらせたいと思います。まずは**「花澤名人のシュウォッチ逆道場破り」**。せっかくなので中尾さんにシュウォッチに挑戦していただき、連射回数分の秒数でフリートークをしてもらおうと思います。

中尾　トークは苦手なのでお手紙書いてきました。

花澤　本当ですか。嬉しい！　ぜひ、お手紙を読めるぐらいの回数をたたき出してほしいです。

中尾　**20〜30秒あれば余裕なので。**タイミングを見て押したいと思います。

花澤　そういうゲームじゃないんですけど。はい、準備はいいですか？　よーい、スタート！

中尾　（シュウォッチを連打する）あれ？　さっき三拍子でやったら上手くいったのに。

花澤　あれ？　終わりました？

中尾　**32回。**はぁー頑張った！

花澤　数えていた感もありましたが……。32秒間、私にお手紙を読んでもらいます。どうぞ！

中尾　「香菜ちゃんへ。放送150回おめでとうございます。唯ちゃん[※1]じゃなくてごめんなさい。芋子はもうCDを出すことはないと思いますが、**もし作ることがありましたら宮野（真守）さんをお願いします。**でも緊張するので、**収録は別日でお願いします。**季節の変わり目でございます。ご健康に留意され、益々ご活躍されますことを心よりお祈り申し上げます。中尾衣里より」

花澤　「干し芋子」続けましょうよ！　ドラマCDも、そこそこのセールスだったと聞いておりま

※1　花澤が大好きな声優・小倉唯のこと。

すよ。

中尾 香菜ちゃんが芋子でいいんじゃない？

花澤 **なんで降板しようとしてるんですか！**

中尾 プロデューサーさんのご指名であれば、最後まで全うさせていただきますが。

花澤 お願いしますよ。宮野さんもね、何の役がいいかな。何か夢が広がりますね。

そして次のコーナーは**「○○先生のお時間」**。……こんなコーナーあったかしら？　あー昔、スタッフが積極的にゲストを呼ぼうとしていたときにやっていた、ゲストさんの得意分野について詳しく教えてもらうというコーナーですね。さて今夜は中尾先生をお迎えしております。

中尾 今回私が教える科目はこちらです。ババン！　**乙女ゲーム！**　香菜ちゃんは未知の分野だよね。

花澤 1回ぐらいやったことはあったはずなんですけど……。興味はありますよね。

中尾 大丈夫。うちも10代でやったときはハマらなかったから。女の子を落とすゲームの方をいっぱいやっているので、乙女ゲームでは矢作（紗友里）先生に敵わないのですが。中尾なりの乙女ゲーム論を香菜ちゃんにお伝えします。

花澤 教えてください。

中尾 今回のテーマは「1、ともに成長していく」「2、外に出るようになる」「3、競争意識がわく」。このゆとりの中で。

花澤 ひとつずつ詳しく。

中尾 掘り下げていこうと思います。まず「1、ともに成長していく」ですが、ここではわかりやすく自分のハマった『うた☆プリ』※2を例にします。自分は作曲家で、アイドルを目指す男の子たちに曲を作って、男の子たちをデビューさせるという作品。『うた☆プリ』のいいところは真面目に恋愛しすぎない。例えば、命綱なしで校舎の壁を登るとか。そういう**ツッコミどころのある恋愛もある**から、ガッツリ恋愛だと引いてしまう人にも入りやすい。

花澤 ファンタジーな部分も入っている。

中尾 だから敷居が低くて入りやすかった。そ

※2
恋愛シミュレーションゲームを中心に、CD、アニメなどが展開されている女性向けコンテンツ『うたの☆プリンスさまっ♪』のこと。

れでいて普通の恋愛と一緒で仲を深めると違う一面が見えてきたり……。そして『うた☆プリ』の場合はアニメ化されましたけど、愛情を投資という形でゲームに注ぎ込むと、プロジェクトがどんどん大きくなっていくんです。苦楽を共にしながら、いろんな展開が待っている。最近『うた☆プリ』だと、渋谷１０９とコラボして。

花澤 へぇー見に行ってみようかな！

中尾 **もう終わったんだけど。**だから**普段は渋谷とかにあまり行かないけれども、『うた☆プリ』のために足を運ぶようになる。**で、すぐには帰れないの。スクランブル交差点の液晶ビジョンでも1時間に1本くらい映像が流れるっていうイベントがあるから、**とりあえず1時間渋谷に佇む**っていう。

花澤 結構忍耐力が。

中尾 そのときに交流があるでしょ？ **「ティッシュいりませんか？」とか。**人と触れ合う……。

花澤 **それ交流!?**

中尾 インドアな人が外に出て他人と触れ合うっていう。そういう**アクティブな活動もできる。**で、もし同じ作品に後からハマった子がいたら、「私の方が先に好きだったのに」って、**もっとつぎ込もうという競争意識がわいてくる。**

花澤 応援した分パフォーマンスが返ってくる。

中尾 返ってくるのはわかりやすくていいよ。自分が育てた感がある。**例えるなら香菜ちゃんにとっての小倉 唯ちゃんだよ。**愛でて愛でて、お菓子買うとか、何かしてあげたくなるんだよ。

花澤 でも別に見返りはいらないんです。

中尾 曲を聴けたり、声を聞いたり。成長してちょっと大人っぽくなったなとか、そういう姿を見るのがすごくいい。だから小倉唯ちゃんの少年バージョンみたいな感じ。

花澤 なるほど。**小倉 唯ちゃんを育てるゲームとかないですかね!?**

中尾 そういうこと。だから素質はあるよ。

花澤 ハマる素質はあるかもしれないですね。中尾先生ありがとうございました。

中尾 真面目に語りました。

佐倉綾音の愛が重い。

佐倉 **もう、そういうとこが好き。**

花澤 好きって言われた！

佐倉 では皆さんご存知な魅力ですが、まずひとつがリップノイズ。マイクに乗るリップノイズが私の中ではどストライクに素晴らしいと。

花澤 リップノイズってあんまり気持ちのいいものじゃないですよね？

佐倉 違うんです！ そこが！ 例えばアフレコだとどうしてもカットされてしまうこともあるリップノイズが、すごく耳に心地良い。

花澤 どんな音？ ……「**くちゃくちゃ**」。

佐倉 違うんです！ 花ちゃんのリップノイズは、カチって音なんですよ。人によってリップノイズの乗り方が違うんですけど、私はあんまりノイズがきれいな方じゃないので……「**ペロペロ**」みたいな。

花澤 「佐倉先生のお時間」。ゲストの方の得意分野について、私が生徒になって教えてもらうコーナーです。佐倉先生はいったい私に、何を教えてくれるのでしょう。

佐倉 **私が教える科目は花澤香菜さんです。**

花澤 え、え？ 私？

佐倉 私の思う花澤香菜さんの魅力を。

花澤 待って、坂本さんと相談してたじゃん？

佐倉 この番組来る前にお会いしたときに、私が花澤香菜さんに教えられることなんて、香菜さんの魅力ぐらいですって言ったらそれでいいよって言われて。

花澤 私、若干緊張で手が硬直してきていますけれども。恥ずかしい。

佐倉 はい、お伝えしようかなと思います。

花澤 よし、来いや！

第151回2013年10月9日 ゲスト：佐倉綾音

【リスナーのコメント推薦】

僕は'13年に放送されたゲストに「佐倉綾音」さんが出演された回がとても印象に残っています！！！！ あやねるの「好きなもの」について教えてもらうコーナーで、テーマとして「花澤香菜について」と掲げ、「花澤香菜ご本人を目の前に花澤香菜の魅力を語る」というとてもカオスな状況になっていた記憶があります。また、あやねるが「香菜さんの魅力」として挙げたものが、かなりディープな視点のものばかりで、最初は照れながら聞いていた香菜さんも、「愛が重すぎる～」と引いてしまう程の「熱弁っぷり」に度肝を抜かれたことを今でも鮮明に覚えています！（カンパン大将）

花澤　あやねるからそんな音聞いたことないよ！

佐倉　香菜さんの場合、カチカチってちっちゃい音がしてから話し始めて。

花澤　私カチカチって言ってるの？

佐倉　それが何かスイッチみたいでかわいらしいなって思ってるんです。でもね、花ちゃんの魅力はそれだけにとどまらなくて。私、花ちゃんのライブのブルーレイディスクを、メーカーさんからいただいて、**その後アニメイトにも買いに行って、今2枚持っているんですけど。**

花澤　すげえ。

佐倉　それを見てやっぱり思ったのが、歌ってるときのステップ。と、色の白さ。ブルーレイで、最高画質で見る花ちゃんでも、粗が見当たらない！　何て言ったらいいんですかね。**この方の汚い部分はどこにあるんだっていう。**

花澤　あやねるだけだよ、そう思ってくれるのは。

佐倉　そんなことない！　あのライブで渋谷公会堂[※1]にいらっしゃった皆さん全員が思っていたことです。お会いするとき、いつもきれいな肌だし、きれいな瞳だなと思っているんですけども。ブルーレイになってもなお花ちゃんは美しいのかと。**この人はどうしたいの私を、と！**

花澤　いやいや、言うてもね。アラサーですよ。

佐倉　そんなものは大した問題ではないんですよ。**花ちゃんがこの世に存在しているっていうことが、世界にとっての……、救い!?**

花澤　**愛が重いよー！**

（終了の音）

花澤　こんなにあやねるの思いを聞いたのは初めてでびっくり。嬉しいけど言いすぎだと思う。

佐倉　今まで全く伝えられなかった思いをぶちまけてしまって、花ちゃんはこの先私に対してどう思うんだろうって、不安……。

花澤　**でも、もう脚も見せてもらっているしね。**

佐倉　脚……そうですね。花ちゃんのために。

花澤　今度はこうスッて……ね。多分、より距離が縮まったと思いますよ。

※1　'13年に渋谷公会堂で花澤のライブ『花澤香菜live2013 "claire"』が行われたときのこと。

上村祐翔とパンマスク制作。

第500回2021年7月1日
ゲスト：上村祐翔

花澤　500回記念企画は「パンマスク研究所」！四六時中パンの匂いを楽しむためのアイテムとして〝パンマスク〟を提案していましたが、ついにその開発に着手します。研究所の所長は私、花澤香菜。助手は上村くんです。
上村　よろしくお願いします、所長。
花澤　パンマスクにふさわしい、いい香りがするパンの頂上を決める企画です。用意したマスクの内側に袋があるので、そこにスライスしたパンを入れて一気に2人で吸ってみます。
上村　ガーゼを入れるところにパンを入れてみようということですね。
花澤　今回のためにたくさんパンを買ってきました。では最初に試すのは食パンです。
上村　柔らかそう！　パンをマスクの中に入れちゃうって**変な背徳感がありますね**（笑）。
花澤　ではパンをマスクにセットして……せーの！　うわ、いい匂い！
上村　匂いももちろんですけど、この肌触りが気持ちよすぎて……包まれている感がすごい。
花澤　私が食パンに顔をうずめるのも[※1]、しっとりした生地に包まれたい、パックされてもいい、みたいな気持ちなんだよね。
上村　この入れるところはまだ余裕が……**あっ、所長？　食べてる……気づかない間に……**。
花澤　美味しい。もちもちー！
上村　違う匂いを嗅ぎたいなと思ったら**食べちゃえばいいいんですね**。
花澤　そうです。次はライ麦食パンです。せーの！　うわぁ、食パンとは全然違う香りですね。
上村　ダイレクトにライ麦の香りが。……すごい、**気づいたら食べてらっしゃる。**

※1
花澤がパンを食べる前に行うルーティンのひとつで、パン1斤を半分に割り、断面に顔をうずめて匂いを吸い込むというもの。「パン吸い」とも呼ばれる。

花澤　うん、これやっぱいいな！　次はカンパーニュです。では、せーの！
上村　ライ麦も酸味ありますけど、それよりも酸味が強い感じしますね。でもパン好きはこの匂い、すごい好きな気がしますよ。
花澤　ハード系が好きな人は絶対これだよね。上村くんは今までの3種類だと、どれが好き？
上村　カンパーニュ。味も今のところ一番僕好みです。**万人向けは食パンだと思う**んですけど。
花澤　パンの香りを楽しみたい人はカンパーニュですね。次、クロワッサンいっちゃう。
上村　間違いなくいい匂いだと思う。
花澤　バターの香りがすごいよね。でもポロポロ落ちる……。これ**山田ルイ53世さんに怒られるやつ**[※2]ですよ。スタジオ汚すなって（笑）。
上村　すでにテーブルが汚れていますね。
花澤　後でちゃんと掃除しますね。
花澤&上村　せーの！　あ～～!!
花澤　ねえねえ、**これじゃない？**
上村　これだ！　**ごめん、カンパーニュ！**
花澤　**気泡があるから顔にフィットする**よね。多分**一番通気性いいと思う**よ。
上村　おさまりいいかも。クロワッサンって餡が入っていたり、クリームが入っていたりするけど、何だかその子たちの気持ちになります。
花澤　自分がサンドされているみたいな。
上村　**クロワッサンっていうおうちの中に今いるんだっていう気持ち**になりますね。
花澤　えっもう時間？
上村　**あと8種類ぐらいありますよね？**
花澤　メロンパンだけは試してみない？　メロンパンの匂いって皮だよね。クラストは内側がいいかな……でも**砂糖が鼻に付きそう**だよね。
花澤&上村　せーの。おおっー！
花澤　いいねー！　でも、クッキー感強いかも。
上村　お菓子の感じというか。
花澤　やっぱりクロワッサンのバターの香りだな。上村くんのおかげでパンマスク計画が進みました。ぜひ、また開発に来てください。
上村　試してないパンたくさんありますからね。

※2
『髭男爵 山田ルイ53世のルネッサンスラジオ』で、若手男性声優の番組収録後のスタジオにはポテチのカスがいろんなところに落ちているという話がネタにされていた。

『ひとかな』用語のこと。

番組および本書をより楽しむために、押さえておきたい
『ひとかな』用語を集めました。

【おかP】

'17年から番組を担当する岡崎プロデューサーのこと。(P69)

【香菜に胸キュン!】

リスナーから募集した胸キュンシチュエーションを紹介し、判定する番組きっての長寿コーナー。(P126)

【鬼畜D】

番組立ち上げ当初からかかわる久保ディレクターのこと。(P69)

【こばと。がんばります!!】

花澤が主演したアニメ『こばと。』を元ネタに、リスナーから困りごとを募集し、解決するコーナー。解決度によって瓶に金平糖を溜めていき、いっぱいになったら温泉に行くという約束がされていた。(P76)

【坂本ロイド】

ゲーム『PSYCHO-PASS サイコパス』とのタイアップコーナー「花澤監視官」でリスナーからのメールを読み上げる録音素材として登場していたキャラクター。構成作家・坂本が声を担当した。


【花澤名人のシュウォッチ逆道場破り】

'10年4月14日放送回からスタートしたコーナー。シュウォッチ連射181回/10秒の記録を持つ花澤への挑戦者を勝手に探し出し、強引にチャレンジしてもらう。その後、佐倉綾音に記録を破られ「流浪のシュウォッチ大好き声優花澤香菜の佐倉道場破り」となった後、再度花澤が佐倉の記録を破り、コーナー名が復活。


【花澤日記】

初回から続く番組冒頭のフリートーク。花澤いわく「当初はポエムコーナーだと思っていた」とのこと。


【パン吸い】

花澤がパンを食べる前に行うルーティンのひとつで、パン1斤を半分に割り、断面に顔をうずめて匂いを吸い込む行為。(P137)

【ひとかな川柳オンライン】

花澤が主演したアニメ『川柳少女』が元ネタのコーナー。頭の5音を出題し、リスナーから届いた7音を受けて、花澤が最後の5音を考える。


【ひとかなクリスマス会】

番組開始以来、毎年年末に行われている戸松遥、矢作紗友里を招いての簡易動画放送企画。(P53、P145)

【ふぁっさー】

10代当時の花澤が大人の女性の象徴として「ファーをふぁっさふぁっさささせている」と発言していたことから、かつてリスナーの挨拶として使われていた。(P21)

【ふつおた】

「普通のお便り」が読まれるコーナー。


【干し芋子(芋子)】

『干し芋プロジェクト』内ラジオドラマ企画『干し芋パラダイス〜乾物を超えた愛〜』で、花澤が考えたヒロインの名前。(P32)

【株式会社干し芋プロジェクト】

干し芋愛を掲げていた花澤の妄想に応えるため、番組開始当時に行われていたコーナー。'11年には「帰ってきた干し芋プロジェクト」として復活。(P23)

【水着回】

花澤が実際に水着を着用して収録する年1回のテコ入れ回。'19年の400回放送を記念して始まった。(P90)

【目指せ!明治のメイジン】

花澤が週替わりでさまざまな企画に挑戦する、明治とのコラボコーナー。季節に合わせた企画をはじめ、レギュラーコーナーが含まれることも。


【もふもふ】

初期の花澤が「幸せを感じたときの擬音」として使っていた。(P18)

【指がうめえ】

「ひとかなクリスマス会」恒例の戸松遥の決め台詞。チキンを手づかみでむさぼり、指についた脂をなめ、サムズアップしながら「指がうめえ!」と叫ぶまでがワンセット。(P60、P145)

【私、花澤潤ちゃん(潤ちゃん)】

'11年に始まった「私、花澤海月ちゃん」の後続コーナー。花澤が敬愛する長谷川潤のようなポジティブキャラを目指し、リスナーからの無茶ぶりを実演。「私、花澤潤ちゃん!」コールで締める。(P80)

600回放送記念、「ひとりでできるかな？」。

第600回 2023年5月28日

【リスナーの推薦コメント】

香菜ちゃん、トゥットゥルー☆　私がひとかな名場面プレイバックに推したいのはズバリ！「600回香菜ちゃんラジオひとり回し回」です(^^)動画配信から香菜ちゃんのラジオ愛が伝わってくるのもとても嬉しく楽しい放送回でした。（ヤッサン）

～オープニング～

私がこのラジオを始めてからもう15年になるかな。今日の放送で600回を迎えるけど、私の周りにはもう誰もいなくなってしまった。

でもあなたとリスナーがいてくれたら、頑張れる気がするの。ね、坂本ロイド。

坂本ロイド「僕、台本書くねん」

花澤　ばかばか。台本も、私が書いてるっつーの！

・・・

花澤　皆さんこんばんは。パーソナリティの花澤香菜です。今どういう状況かというと、今日はエコーSE、BGM、提供クレジット、CMなど、すべて自分で押したら出るようなワンオペスタンバイでお送りしております（笑）。

600回を迎えて、「ひとりでできるかな？」にいよいよ挑戦するということで。ありがとうございます。台本も、私が600回どういう風にやりたいかなって書いて。懐かしい声聞こえませんでした？

坂本ロイド「僕、台本書くねん」。

花澤　坂本ロイドです。知らない方のために言うと、作家の坂本さんが以前コーナーで坂本ロイドというキャラを作って、それで私と会話するというのをやってたんだよね。今日は坂本ロイドとともにお届けすると（笑）。これだったら寂しくないね。メールテーマとかコーナーとか全部私が考えてますんで。次は……これかな？

～タイトルコール～

改めまして、花澤香菜です。うわーどきどきするね、これ。疑似生放送だよね。……ちょっと！　私エコーかかってない（笑）？　これほんとにディレクターさんのありがたみがわかるね。こんなにいっぱいいろんなボタンとフェーダーと格闘してくれてたんだね。ありがとういつも。

・・・

私が考えた特別コーナーをお送りします。……エコー上げる！「思いついたのよ、とってもいいこと」のコーナー！

音楽と組み合わせるコーナーってのをやってみたかったのよ。『爆笑問題カーボーイ』の「CD田中」[※1]みたいな感じの。私の曲『雲に歌えば』の出だし、「思いついたのよ、とってもいいこと」を流した後に続く、私に教えたいとってもいいことをひとことで送ってもらいました。

ひとかなネームおわぼんさんからいただきました。

（曲を間違える）あれ、間違えた（笑）！

♪～「片方ずつ目をつぶれば無限に起きていられるはず！」

はい。きました。これはもう『ぼのぼの』[※2]です。『ぼのぼの』でそういう回あった。必死にこうパチンとやるだけで15分の回。ぼのぼのがずーっと片目をつぶっていくの。知ってる！　でも教えてくれてありがとうございます。ひとかなネームイーグルさんからいただきました。

♪～「誰かと連絡先を交換するとき、電話番号を言った後に『まず、それがお父さんの番号で』といえば絶対ウケます」

あ、確かにね。いいこと聞いたかも。ただ、もう電話番号交換しないよね（笑）。じゃあお父さんのLINE教えればいいってこと（笑）？　まずこれがお父さんのLINEでって。これいいですね。コミュニケーションで知っておいた方がいいことみたいなね。

ラジオネームM（仮）えむーかっこーかりさんか

※1
TBSラジオで毎週火曜日深夜1時～3時に放送されている『火曜JUNK 爆笑問題カーボーイ』のコーナー。リスナーに曲の歌詞の一部に、爆笑問題・田中裕二のセリフを勝手にくっつけて作品を作ってもらうという内容。

※2
ラッコのキャラクター「ぼのぼの」が主人公の四コマギャグ漫画、及びそのアニメ化作品。

らいただきました。

♪～「さばの水煮缶をめんつゆで食べるとうまい」

あー、これ私知らなかった。私鉄分をとりたいがためにさば缶に手を出してるんですが、味噌煮缶はよく買うんだけど、水煮缶はあんまり。水煮はどうやって食べるんだかわからなかったんだよね。へー。めんつゆで食べるんだ。

本当にたくさん投稿いただいていてありがとうございました！

・・・

「花澤香菜の目指せ！　モノマネ名人！」コーナー。モノマネのレパートリーを増やしたい私に、その人物とわかりやすいセリフを送ってもらい、お試ししていくコーナーです。似てるか似てないかは明治さんがジャッジしてくれます。これもね、いっぱい来てた！

これを落としての……、おっけ。ひとかなネームいこりんさんからいただきました。

とにかく明るい安村さん改め、TONIKAKUさんが海外進出して話題になっています。[※3] これはやるしかないでしょう。あの女性審査員のモノマネを。

なるほどね、今ここであれをやるのね！　人物名アリーシャ・ディクソンさん。オッケー。では挑戦してみますか。

ドドン！

「パーーーンツッ！」

これ、「ドントウォーリー、アイムウェアリング」って安村さんが言った後に、「パーンツ！」ってディクソンさんが言うまでがセットになってたんですよね。これいいですね。どうですかね？明治の皆さん。

（ブース外の明治の人から×）

ちょっと辛いですね（笑）！　意外と辛かった明治さんが。オッケー。まだいっぱいあるから。

※3
「安心してください、はいてますよ」でおなじみの芸人とにかく明るい安村が、'23年「TONIKAKU」の名前でイギリスの人気オーディション番組『ブリテンズ・ゴット・タレント』のファイナルに進出。決め台詞の後に、審査員のアリーシャ・ディクソンが「パーンツ！」と叫ぶまでがセットとなっていた。

ひとかなネームがんばりたくないさんからいただきました。

世界一の知名度を持つゲームのキャラクター「マリオ」のモノマネをしてみてください。セリフ「イッツミーマーリオ」。

うーん、でもやってみなきゃわかんないよね。

ドドン！

「イッツミーマーリオ」

これはちょっとネズミの感じがするけど（笑）。

もっと声高かったっけ？　明治さんこれ判定しなくて大丈夫です（笑）。ひとかなネームりょんりょんさんからいただきました。

特徴的でモノマネしやすそうな人を考えてみたんですが、阿部寛さんはどうでしょうか。

ドドン！

（ハスキーボイスで）「どいつもこいつもバカばっかりだな」

うーんちょっと……あれ？　マル出てる！　嘘でしょ⁉　ジャッジおかしくなった⁉　ひとかなネームナンテコッター山口さんからいただきました。

タモリさんに話しかける笑福亭鶴瓶さん。

ドドン！

「あんな、聞いたんやけどな、『いいとも』終わるって、ホンマ？」

これ誰ですかね（笑）。どのおじいちゃんですかね。最後。コンドルになりたいコンコルドさんからいただきました。

今話題のアンミカさんのモノマネはどうでしょうか？　数多くの名言を生み出しており、飲み会でやれば人気者になること間違いなし。

ドドン！

「素敵やん！　人生もランウェイやねん。夜はあかん、朝考えよ」

（天を仰ぎ）うん、全然似てないなー。女性だし一番くるかなと思ったら、全っ然似てない（笑）。**もしかして、本当にオッケー出たの、阿部寛さんだけじゃない**（笑）。レパートリーに入れていこうかな（笑）。

・・・

〜エンディング〜

花澤　あー終わった……。（ブースに入ってきた坂本に話しかけながらミキサーを指す）これさ、かっこよく押したくなっちゃうね。「ウィー」みたいな。坂本さん、どうでしたか？　私ひとりでやりきれそうな感じがしてる。今。ゴールが見えてきた。

坂本　僕も今日は外で聞かせてもらったんですが、外だと、全く音楽が聞こえないので、**ちょっとシュールな空間でした**（笑）。

花澤　わかるよ、外があんまりあったかくないのはわかってた（笑）。見て見ぬふりをした。

坂本　**ハートが強いなと思いました。**

花澤　でしょう？　結構いろんなところに気を配らなきゃいけないので、集中するね。でも地方局のパーソナリティの方とか、ワンオペでやってる人もいるよね。そのとき、絶対こうやってかっこつけたくなるよね（笑）。（ミキサーをかっこつけて）押してるよね。肩を入れて押したくなっちゃう。**いや〜600回だわこれ。**

坂本　これも花澤さんがラジオに興味持ったからこそできたことだと思うんです。

花澤　確かに。自分でコーナー考えようとか、まずそうなってないですもんね。コーナー考えるの楽しかった〜。もっといろいろこういうテーマで募集しようとか考えてましたもんね。またやりましょう。鬼畜Dの準備が大変じゃなかったら（笑）。ということで、お別れのお時間です。来週もみんな聴いてくれるかな？

坂本ロイド「花澤さん、よく頑張ったね」

花澤　ありがとうロイド。

戸松遥＆矢作紗友里

『ひとかな』クリスマス会 16年を振り返る。

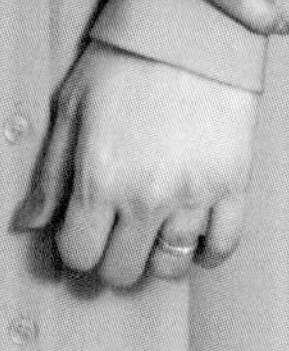

番組きっての人気企画「『ひとかな』クリスマス会」。2008年の第1回放送以降、ゲストとして連続出演記録を更新し続けているのが、戸松遥さん＆矢作紗友里さんです。番組の歴史を知る2人が、ご長寿（？）企画を振り返ります！

戸松 遥

とまつ はるか／2月4日生まれ、愛知県出身。主な出演作に『To LOVEる-とらぶる-』（ララ）、『かんなぎ』（ナギ／初主演）、『ハピネスチャージプリキュア！』（氷川いおな／キュアフォーチュン）など。4人組声優ユニット「スフィア」や、ソロでの音楽活動も。

矢作紗友里

やはぎ さゆり／9月22日生まれ、東京都出身。主な出演作に『To LOVEる-とらぶる-』（西連寺春菜）、『冴えない彼女の育てかた』（氷堂美智留）、『パウ・パトロール』（ズーマ）、『暗殺教室』（奥田愛美）など。

〝おもしれー女〟で意気投合 番組が関係を作ってくれた

——戸松さん、矢作さんをゲストに迎えた『ひとかな』クリスマス会が始まったのは、番組がスタートした'08年。以降3人の会は毎年ひとりもかけることなく続き、'23年に16回目を迎えました。そもそも「クリスマスを3人で」となったきっかけは、何だったのでしょうか？

戸松　香菜&矢作氏と仲良くなったきっかけとしては、私たち3人が出演していたTVアニメ『To LOVEるーとらぶるー』※1ですね。

矢作　でも当時は3人とも新人だったから、アフレコ現場で打ち解けたり、楽しく話していた記憶はないんですよ。常に緊張感があったので。

戸松　なので、なんで今、こういう関係になってるかわからない（笑）。アフレコ現場よりもイベントや取材で3人一緒になって、そのときによく話してたかな。

矢作　そう。それでお互いのことがわかってきて、さてはこいつら〝おもしれー女〟だなと（笑）。

戸松　それぞれ認め合ってね（笑）。当時、この企画に限らず、3人での稼働が多かったんですよね。その流れで、「3人で何か面白いことやってくださいよ」みたいなオファーをいただいた、ということだったように記憶しています。でも、3人全員がエネルギー最大出力で話したのって、やっぱり『ひとかな』クリスマス会が最初だったんじゃないかな。

矢作　結局、この番組が今の私たちの関係性を作ってくれたってことですよね。

——当時の花澤さんは、どんな印象でしたか？

戸松　ふわっふわしてた！　今とは全然違うよね。

干し芋どこいった（笑）（矢作）

矢作　そう。今はめちゃくちゃしっかりしてて「バリキャリ！」って感じだけど、あの頃は飛んでいっちゃうんじゃないかと思うくらい、ふわっふわ。当時大学生でしたもんね。

戸松　「干し芋食べてもふもふ」だからね。

矢作　言ってたーー！　その路線で行くのかな？と思ってたら、今じゃパンむさぼってる（笑）。干し芋どこいった！

戸松　でも、当時から鋭いツッコミを入れてくるときがあって、そのギャップが面白くて。あの声だから、ずるいよね。何言っても許されるじゃないですか。

矢作　あのふわっとした声で勢いよくツッコんでくるのは、香菜だけの魅力だよね。

――番組初期はリスナーからの無茶ぶりに応える3人の姿も話題に。'10年の「私、花澤海月ちゃん」では、「戸松避雷針」ポーズや「スペースバトルシップヤハギ」など、数々の伝説が誕生しました。

戸松　「海月ちゃん」、後続の「潤ちゃん」

香菜のツッコミは、昔から鋭かった（戸松）

コーナーは、毎回全員大火傷してましたね……。

矢作　初期はとにかく無茶ぶりがすごかった（笑）。私たちも若かったし、この番組に限らずラジオ全体でも、そういうノリが流行ってましたよね。最近のラジオって無茶ぶりされることってあんまりないじゃない？

戸松　時代は変わったんだね。クリスマス会も、最近はフリートークばっかりになってて、無茶ぶりがなくて寂しい気もします。

「指がうめぇ！」を聞かないと年越しできなくなりました

――構成作家の坂本さんが配るプレゼントも毎年の盛り上がりになっています。

戸松　毎年、メールでプレゼントのリクエストを聞いてくださるんです。

矢作　ありがたいですよねぇ。でもプレゼント内容は年を追うごとに健康志向になってきてる（笑）。私、去年いただいた野菜の種[※2]、ちゃんと育てて食べたんですよ。「カラフルにんじん」がとっても美味しかったです。

戸松　逆に香菜へのプレゼントは番組のオチに使われることが多くて、だいたい損しているんだよね。

矢作　'20年に戸松が高価な美顔グッズをもらったときは、香菜の分に回す予算がなくなって、プレゼントが100円ショップのマスクケースになってた[※3]（笑）。

戸松　落差やばかったことあったね。でも私、毎年プレゼント希望はガチで書いてるから。

矢作　いやいや、こういうラジオのプレゼント企画って本気で書くもんじゃないでしょ。私なんて「味噌汁」[※4]とか書いてるんだよ。ちょっとは気を遣いなさいよ！

戸松　今年はどうしよう。黒毛和牛ステーキとかいっちゃおうかな。ウニとか。

矢作　ふるさと納税かよ！　ついに香菜の分、なくなるかもしれないよ（笑）。

――現場の「クリスマスのご馳走」も、16年の間に変化しているとか。

戸松　初期はターキーという名のフライドチキンだったんですけど、だんだん私たちが年を重ねてきて、お肉が重たくなってきてしまいまして……。「魚くれ」って言い出したら、それに応えてくださったんですよ。

矢作　フライドチキンの減りが悪くなってきたんですよね。香菜も「そろそろ魚が……」とか言い出して。そしたら次の年くらいからお寿司とフライドチキンに替えてくれたんです！　あ、フライドチキンは戸松さん用ですね。戸松が毎年2人分食べてます（笑）。

健康状態やハマってることを、定期的に話せる場です（矢作）

戸松　スタッフさんたちには、この場を借りて感謝を伝えたいです！

――戸松さんの〝名言〟も生まれました。

戸松　「指がうめぇ！」

矢作　あれを聞かないと年が越せなくなったよね、私たちもリスナーさんも。

――'09年のクリスマス会では「指が美味しいね」とおっしゃっていましたね。

戸松　最初は「美味しい」って言ってたんだ⁉　どうしよう、言葉遣いが悪くなってる（笑）。「私、アイドルだから」って自分で言ってたので、ちゃんとマイルドにしてたはずが……。

矢作　それが今や……。

戸松　私、20代のすべてを『ひとかな』に捧げてるからね。

――いろいろな変遷があっての16年なんですね。長い間、クリスマス会が続いてきたことを、どう感じていますか？

戸松　それはもちろん、ただただありがたいです。香菜の番組だったら、来たい人はほかにもたくさんいるだろうに、ずっと私たちを大事なクリスマス会に呼んでくれて。さらに最近は新年会にも呼んでくれてますし。

矢作　同じ声優の仕事をしていても3人一緒に揃う機会は少ないから、クリスマス会は、「最近どんな感じ？」って近況報告し合う場でもあるんですよね。健康状態とかハマってることとか、定期的に話せる場があるのはありがたいです。

戸松　お互いの情報量がすごいもんね。この1年、そんなことやってたの、っていう驚きが毎回ある。

矢作　すんごいしゃべるしね。リスナーさんからのメールを事前に香菜が選んでいて、私たちも見せてもらってるんですが、結局1通くらいしか読めないで終わるのが、本当に申し訳ないなと思っています。

戸松　きっと聴いてる人たちも、私たちと一緒に年を重ねてるはずだから、楽しんでくれてるはずだよ！

――最後に、今後のクリスマス会への抱負をお願いします。

20代のすべてを『ひとかな』に捧げました（戸松）

戸松　'23年で16回ということは、20回の大台がいよいよ見えてきますよね。

矢作　待って！　あと4年後っていったら全員アラフォーとかじゃない!?

戸松　震えるね……。じゃあ20回目は、全員足湯に浸かりながら公開収録するなんて、どうですかね？

矢作　足湯いいね！　ついでにドクターフィッシュを用意してもらって、古い角質を食べてもらおうとか。

戸松　「くすぐったいー」とか言いながら、ビフォー&アフターの足の裏見せて。

矢作　クリスマス会を続けられるのは、ひとえに『ひとかな』が続いているおかげですから！

戸松　香菜はいつまでも元気でね（笑）。

矢作　ご自愛くださいね（笑）。

※1　ラブコメ漫画原作のTVアニメ。'08年から第1期が放送された。ララ役に戸松遥、西連寺春菜役に矢作紗友里、結城美柑役に花澤香菜で3人が共演。

※2　'22年に矢作さんがリクエストしたプレゼントは、家庭菜園に使う野菜の種。「カラフルにんじん」と「おかひじき」「紫セニョーラ」の種をもらう。

※3　「最近むくむ」という戸松さんへ、'20年のプレゼントとして高価な美顔器が贈られた。ちなみに花澤さんへは「そのへんで売ってるマスクケース」。

※4　'20年の矢作さんへのプレゼント。「無添加の味噌汁」を要望した矢作さんへ大量のインスタント味噌汁のプレゼントが。

戸松避雷針！
ちゅどーーん！

'10年の放送で生まれた「戸松避雷針」と「スペースバトルシップヤハギ」を再演。

花澤香菜が案内！

『ひとかな』の裏側

『ひとかな』収録時の流れを花澤さんが再現。文化放送の内部もナビゲートします。

じっくり
見てって～

「収録のために2週間に一度訪れるのがルーティン」となっているという文化放送ビル。'08年の初回放送では、その大きさに驚いたと語っていました。

複数ある録音スタジオの中でも、9階のスタジオを使用することが多いそう。収録前の打ち合わせも同階で行います。

打ち合わせでは、リスナーさんからのメールチェックをはじめ、構成坂本さんの台本をもとにトークの内容を考えたり、流れを確認します。

打ち合わせ時に手渡される番組台本。「坂本さんの台本はフォントでわかる（笑）」とか。

上／スタジオ内のブースに入って最終チェック。　右／意外と狭いブース奥に花澤さん、手前に(出席時は)坂本さんが座ることが多いそう。

本番中の様子を再現(本番では左手横のヘッドフォンを装着)。撮影日は600回記念のワンオペ収録だったため、ブース内にミキサーが設置されていました。「ディレクター久保さんが私が使えるようにミキサーを設定してくれたのですが、大変そうでした(笑)」。

坂本さんがいるときの様子。仲の良さが伝わります。

15時11分32秒

花澤香菜の ひとりでできるかな？ 公式読本

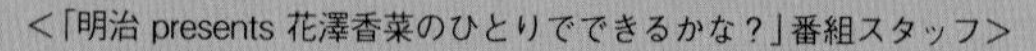

＜「明治 presents 花澤香菜のひとりでできるかな？」番組スタッフ＞

パーソナリティ	花澤香菜
プロデューサー	岡崎聡（文化放送）
ディレクター	久保速人
構　成	坂本尚文
提　供	明治　ポニーキャニオン

＜番組本スタッフ＞

撮　影	カノウリョウマ（カバー・P1-3・P150-160・章扉）　新妻和久（P4-13）　島村緑（P145-149）
デザイン	野中香織（アトムスタジオ）
スタイリング	新田アキ　ナミキアキ
ヘアメイク	宇賀理絵
マネージメント	長谷川詩歩（大沢事務所）
撮影協力	PROPS NOW
戸松遥・矢作紗友里 スタイリング	國本幸江
戸松遥ヘアメイク	木村ゆかこ（株式会社アッドミックス ビー・ジー）
矢作紗友里ヘアメイク	小菅美穂子（Sweets Hair&Make-up）
資料提供	『ひとかな』リスナーのみなさま
校　正	株式会社麦秋新社
編集協力	斉藤彰子（株式会社KWC）　鈴木隆詩　齋藤倫子
編　集	長島恵理（ワニブックス）

著者　花澤香菜

2024年1月22日　初版発行

発行者　横内正昭
編集人　青柳有紀

発行所　株式会社ワニブックス
〒150-8482
東京都渋谷区恵比寿4-4-9　えびす大黒ビル
ワニブックスHP　http://www.wani.co.jp/

お問い合わせはメールで受け付けております。
HPより「お問い合わせ」へお進みください。
※内容によりましてはお答えできない場合がございます。

印刷所　TOPPAN株式会社
DTP　株式会社三協美術
製本所　ナショナル製本

※本書掲載のリスナーメールは、内容を一部抜粋、編集させていただいております。また放送当時の資料との付け合わせが困難な点から、ひとかなネーム（ラジオネーム）の表記が正しくない場合がございます。ご了承ください。

※本書記載の人物名につきまして、一部を除き敬称は省略させていただいております。ご了承ください。

ISBN 978-4-8470-7395-3